SENSATIONELLE EINBLICKE

SCHIFFE

ILLUSTRATIONEN VON
JONOTHAN POTTER
TEXT VON
MOIRA BUTTERFIELD

GONDROM

EIN DORLING KINDERSLEY BUCH

Lizenzausgabe für
Gondrom Verlag GmbH, Bindlach 1997

Originaltitel:
„Look Inside Cross-Sections: Ships“

Produktionsbetreuung:
Print Company Verlagsges.m.b.H., Wien
Übersetzung aus dem Englischen:
Irene Spreitzer
Satz:
Kaltenbrunner+Dorfinger OEG

ISBN 3-8112-1532-9

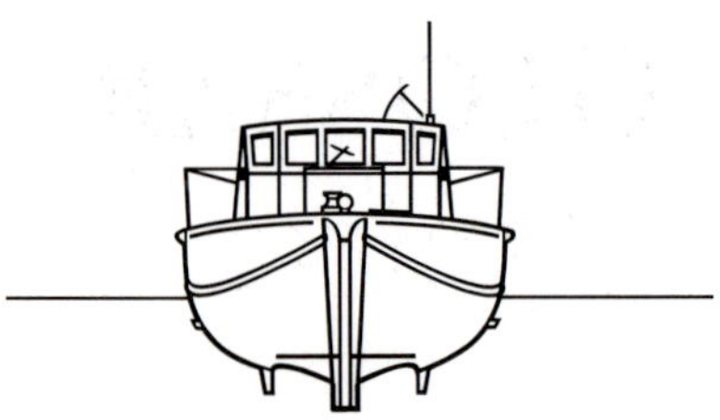

INHALT

47-007

TRIREME

STELL DIR VOR, eine Flotte von schnellen, schlanken Schiffen mit aufgemalten grimmigen Augen kommt auf dich zu. Du hörst das Platschen der Ruder und siehst die Schwerter in der Sonne glitzern. Wärst du ein Feind der alten Griechen, bekämest du Angst. Diese Schiffe hießen Triremen und gehörten vor ungefähr 2 400 Jahren dem mächtigen Stadtstaat Athen. Bisher konnten noch keine Überreste einer Trireme gefunden werden. Doch weiß man aus Malereien auf griechischen Vasen und von Reliefs, wie sie ausgesehen haben. Vor kurzem wurde ein Modell einer Trireme gebaut.

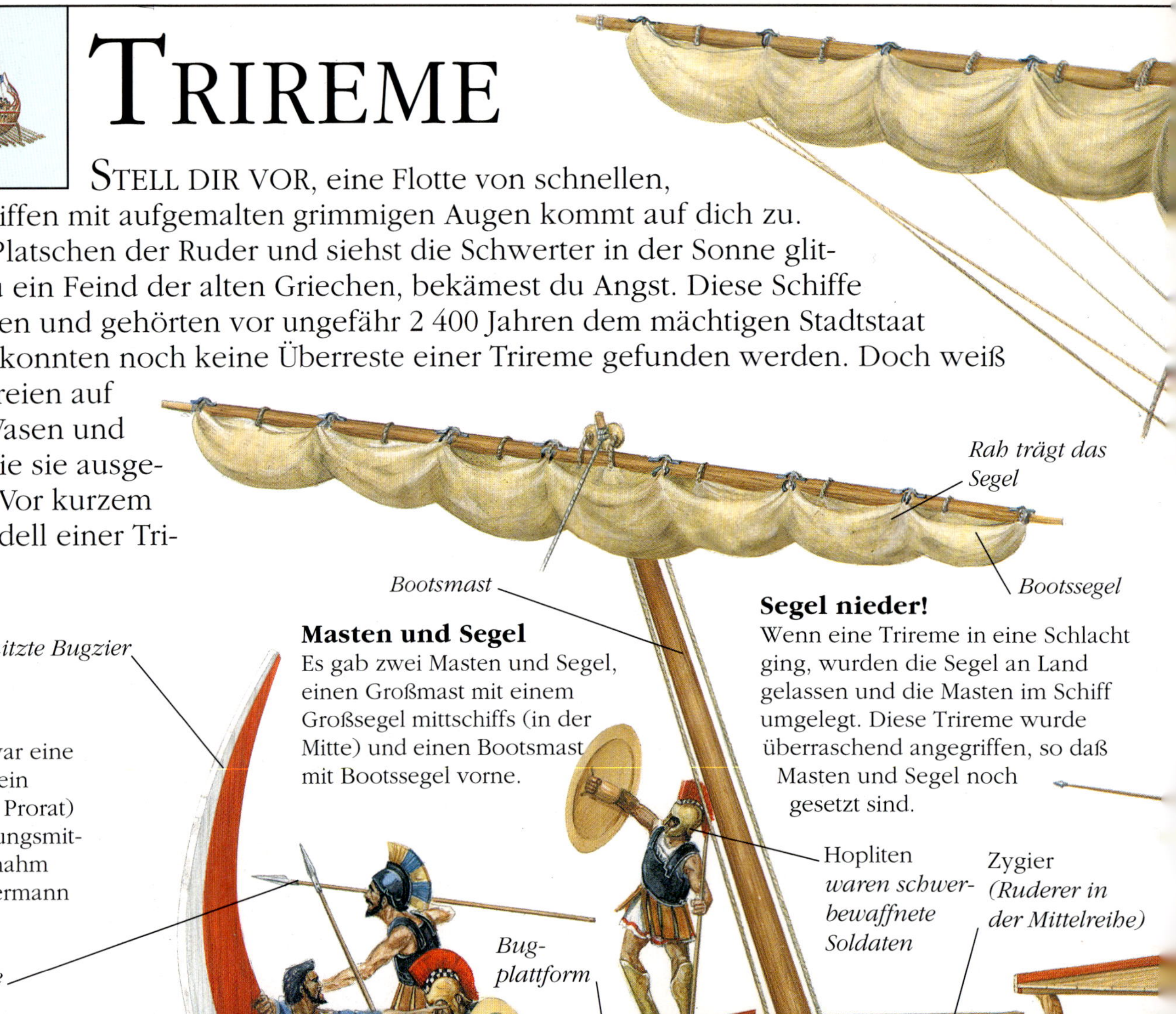

Masten und Segel
Es gab zwei Masten und Segel, einen Großmast mit einem Großsegel mittschiffs (in der Mitte) und einen Bootsmast mit Bootssegel vorne.

Segel nieder!
Wenn eine Trireme in eine Schlacht ging, wurden die Segel an Land gelassen und die Masten im Schiff umgelegt. Diese Trireme wurde überraschend angegriffen, so daß Masten und Segel noch gesetzt sind.

Kapitän
Am Bug (vorne) war eine Plattform, auf der ein Schiffsoffizier (der Prorat) und einige Besatzungsmitglieder saßen. Er nahm Befehle vom Steuermann entgegen.

Rammbug
Triremen konnten feindliche Schiffe unter der Wasserlinie rammen und beschädigen. Der Rammbug hatte scharfe Zähne.

Volle Fahrt voraus!
An Bord waren 170 Ruderer, von denen jeder ein schweres Ruder betätigte. Sie ruderten zur Musik eines Pfeifers.

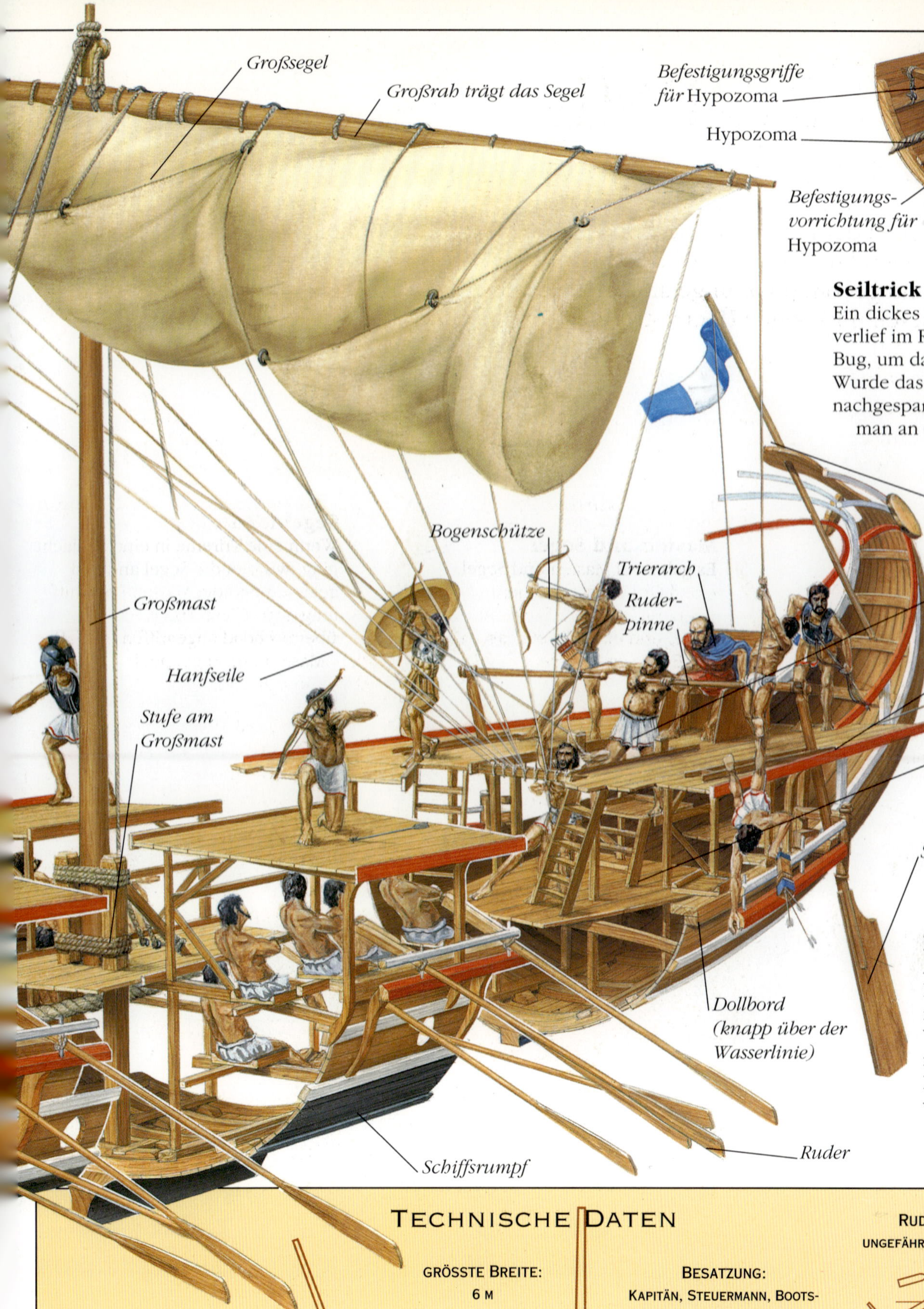

Seiltrick
Ein dickes Seil, ein *Hypozoma*, verlief im Rumpf vom Heck zum Bug, um das Schiff zu versteifen. Wurde das Seil naß, mußte es nachgespannt werden, indem man an Griffen drehte.

Kein Platz
An Bord waren weder Küche, noch Toilette, noch Platz für viele Vorräte. Zum Essen mußte das Schiff an Land gezogen werden, wo man kochte.

Technische Daten

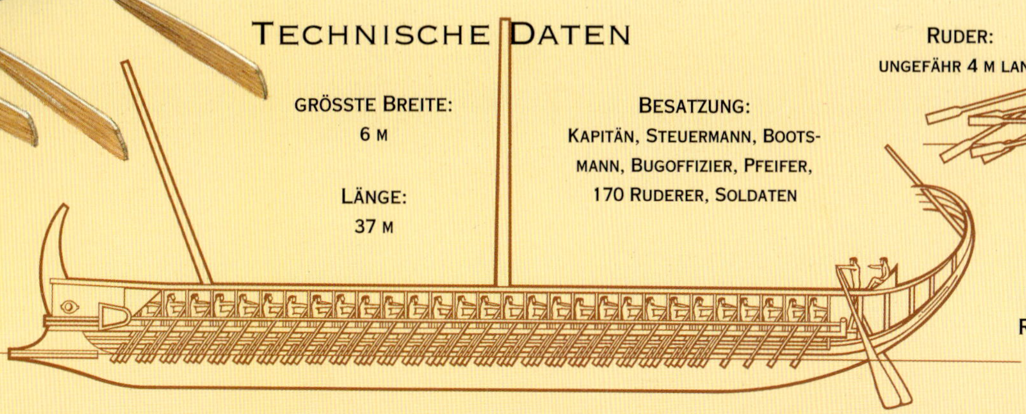

Grösste Breite:
6 m

Länge:
37 m

Besatzung:
Kapitän, Steuermann, Bootsmann, Bugoffizier, Pfeifer, 170 Ruderer, Soldaten

Rammbug aus Bronze

Ruder:
ungefähr 4 m lang

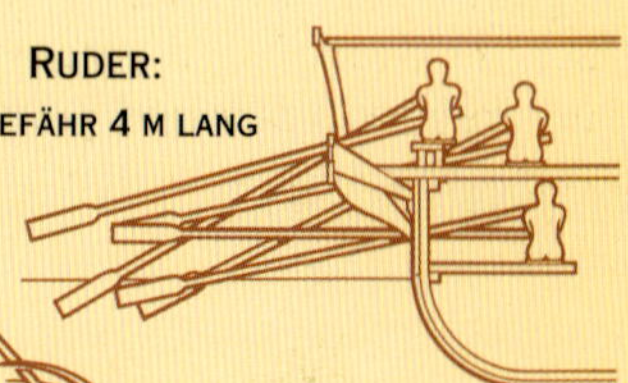

Drei Reihen von Ruderern

Rumpf aus leichtem Fichtenholz

MARY ROSE

AN EINEM SOMMERTAG des Jahres 1545 sandte Heinrich VIII. von England seine besten Kriegsschiffe zum Kampf gegen die französische Flotte aus, die sein Königreich bedrohte. Unter den Schiffen, die aus Portsmouth ausliefen, war die mächtige *Mary Rose.* Plötzlich kippte sie nach Steuerbord (rechts), Wasser drang in ihre offenen Geschützluken ein, und sie sank wie ein Stein. Fast 700 Männer ertranken vor den Augen der schockierten Menge, darunter der König, der vom nahen Southsea Castle aus zusah. Die *Mary Rose* lag 437 Jahre am Meeresgrund, bevor sie gehoben wurde. Taucher fanden Hunderte Gegenstände, die das Leben an Bord auf einzigartige Weise dokumentieren.

Gute Aussicht
Die *Mary Rose* war eine Karracke. Sie hatte vier Masten mit je einer Kampfplattform, von der aus die Soldaten gut auf die feindlichen Schiffe zielen konnten.

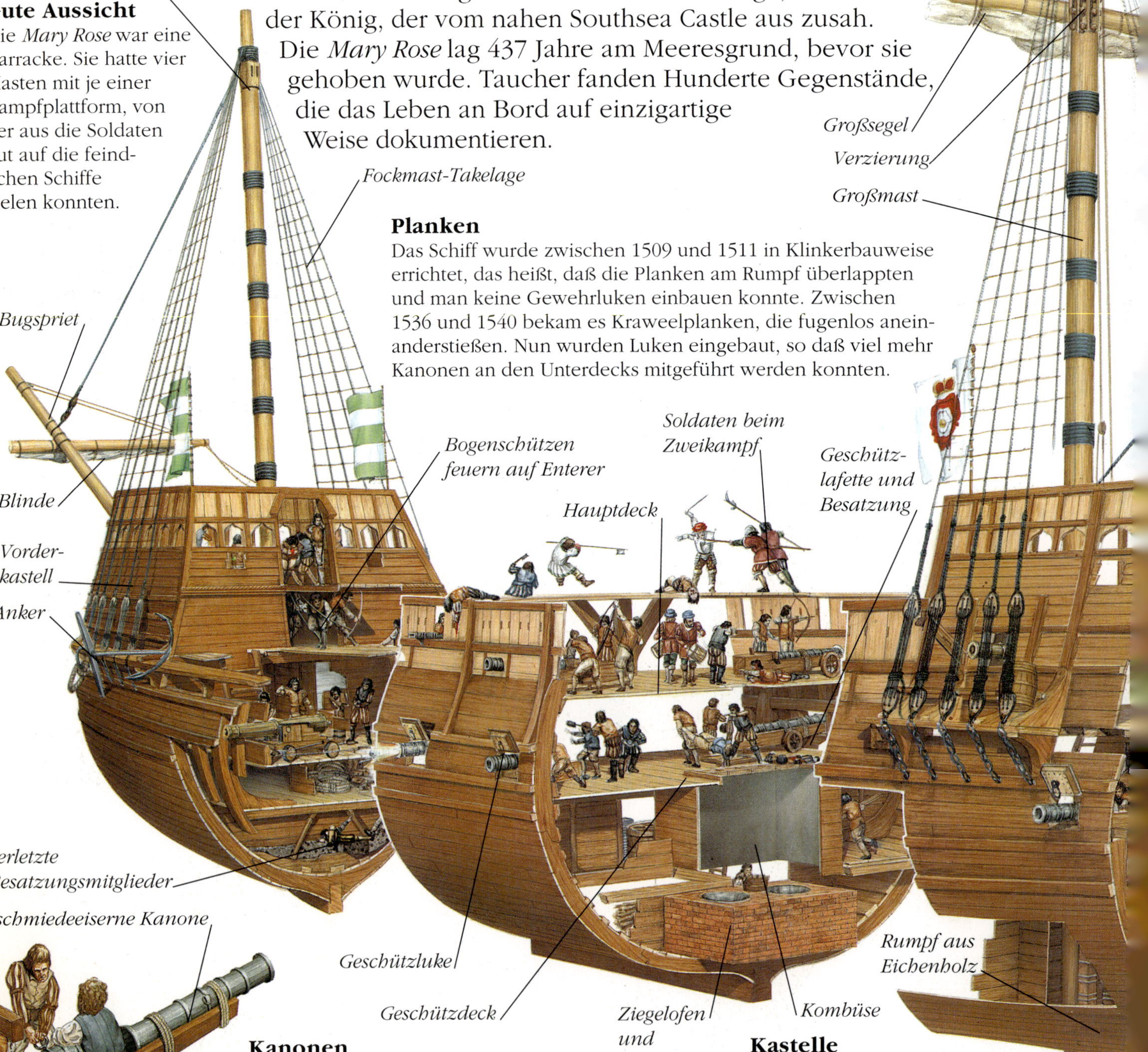

Planken
Das Schiff wurde zwischen 1509 und 1511 in Klinkerbauweise errichtet, das heißt, daß die Planken am Rumpf überlappten und man keine Gewehrluken einbauen konnte. Zwischen 1536 und 1540 bekam es Kraweelplanken, die fugenlos aneinanderstießen. Nun wurden Luken eingebaut, so daß viel mehr Kanonen an den Unterdecks mitgeführt werden konnten.

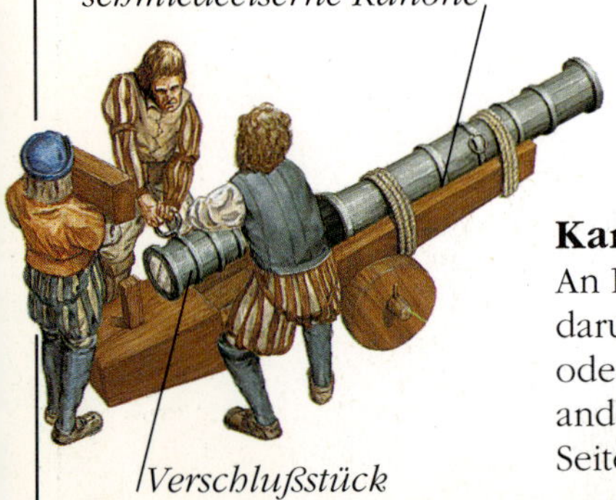

Kanonen
An Bord waren ungefähr 91 Geschütze, darunter Kanonen aus Schmiedeeisen oder Bronze. Einige waren Vorderlader, andere Hinterlader. Sie ragten aus den Seitenluken hervor.

Kastelle auf hoher See
Am Bug (vorne) des Schiffs war das Vorderkastell. Hinten oder achtern war das Achterkastell. Geschütze wurde hoch oben auf beiden Kastellen befestigt.

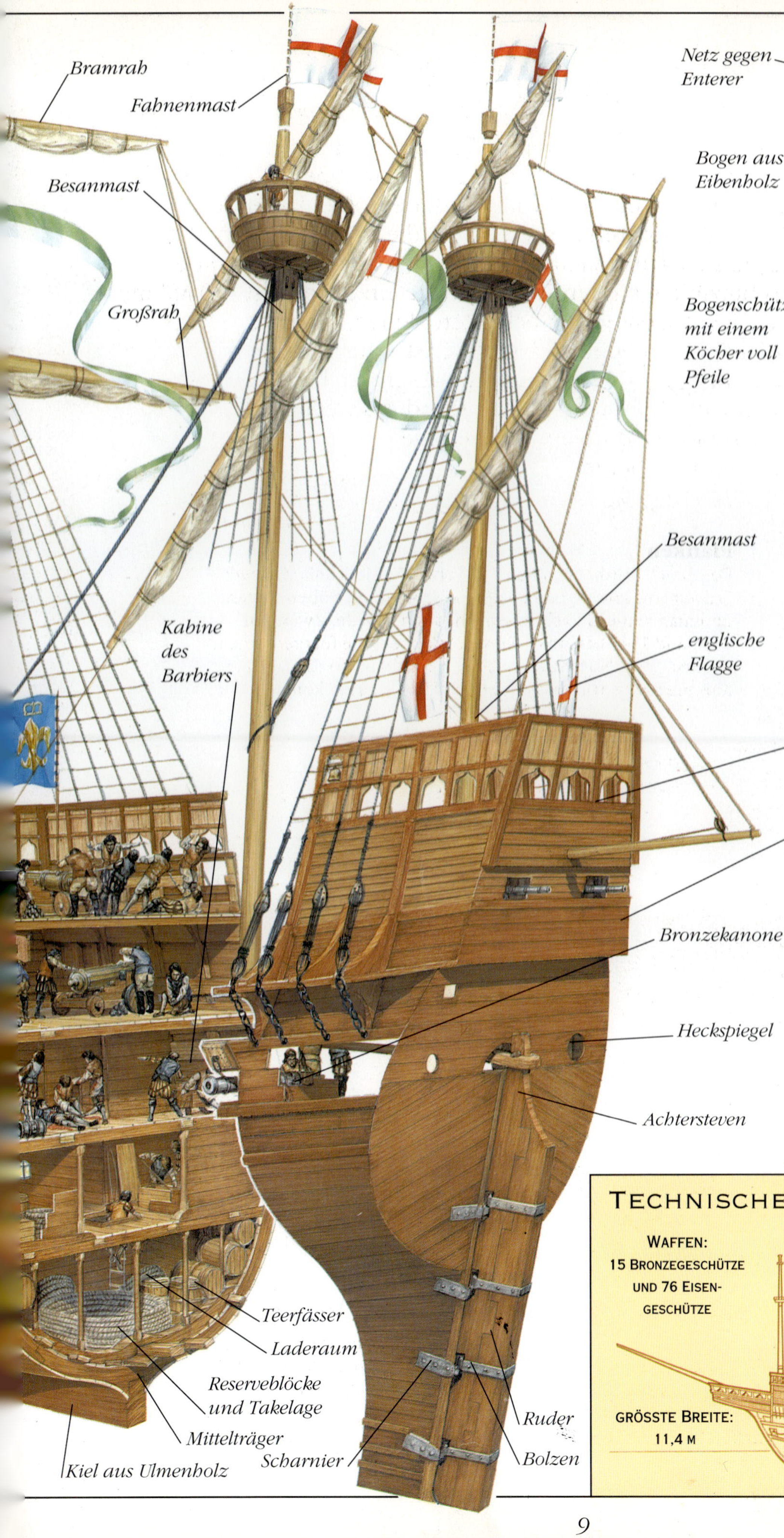

Soldaten und Bogenschützen
An Bord waren Soldaten und Bogenschützen, die für jeden Nahkampf gerüstet waren. Die Taucher, die das Wrack hoben, fanden Langbogen, Pfeile, Schwerter und Degen. Über dem Deck war ein Netz gespannt, das Feinde zwar hinderte, an Bord zu kommen, aber die Besatzung bei Sinken des Schiffs einschloß.

Der verhängnisvolle Tag
An dem Tag, als das Schiff sank, zog die Besatzung vielleicht die Segel falsch auf, so daß es bei einer Wendung zu sehr krängte (sich neigte). Soldaten und Geschütze fielen nach Steuerbord, so daß sich das Schiff noch weiter neigte, bis es mit Wasser gefüllt war und sank.

TECHNISCHE DATEN

LÄNGE (KIEL): 32 M

WAFFEN: 15 BRONZEGESCHÜTZE UND 76 EISENGESCHÜTZE

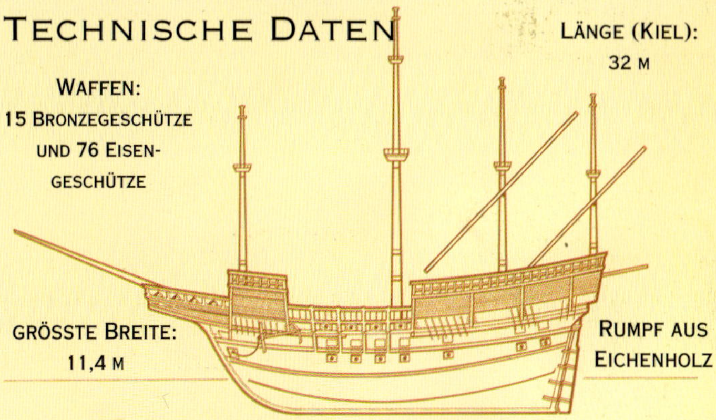

GRÖSSTE BREITE: 11,4 M

RUMPF AUS EICHENHOLZ

MAYFLOWER

AM 16. SEPTEMBER 1620 verließ ein kleines Handelsschiff aus Holz mit einer Besatzung von 25 Mann und 102 Passagieren Plymouth, England. Es hieß *Mayflower,* und die Passagiere waren Pilgerväter. Ihre Religion war in England verboten, und so beschlossen sie, nach Nordamerika auszuwandern. Im Verlauf der Reise mußten sie Stürme, Krankheiten und Hunger überstehen. Es gibt sehr wenige schriftliche Überlieferungen von der *Mayflower.* Doch die Historiker haben ähnliche Handelsschiffe jener Zeit studiert und erforscht, wie sie ausgesehen haben muß.

Eckige Segel
Die *Mayflower* hatte wahrscheinlich drei Holzmasten. Alle Segel außer dem dreieckigen, schräg aufgehängten Lateinsegel waren viereckig.

Unbequemes Lager
Bei den meisten Schiffen jener Zeit waren die Toiletten vorne. Die Fahrt der *Mayflower* war jedoch so stürmisch, daß die Gefahr in jenem Bereich zu groß war. Deshalb mußten die Menschen Eimer unter Deck benützen.

Nach den Pilgervätern
Die *Mayflower* war ein Handelsschiff, mit dem normalerweise Wein und Stoffe transportiert wurden. Sie kam 1621 nach England zurück, doch weiß niemand, was danach mit ihr geschah.

Der ganze Hausrat
Die Pilgerväter hatten alles, was sie für ihr neues Leben brauchen konnten, wie Möbel, Bauwerkzeuge, Samen und Gartenwerkzeug. Zum Glück führten sie auch eine Druckerpresse mit, von der ein Teil dazu verwendet wurde, um einen geborstenen Balken am Schiff zu reparieren.

geschnitzte Dekoration am Heck der Mayflower

Furchtbare Zustände

Das Schiff war so überfüllt, daß die Pilgerväter in jedem Winkel schlafen mußten, den sie fanden. Sie waren dauernd naß, da das Meer bis in die oberen Teile des Schiffs schwappte.

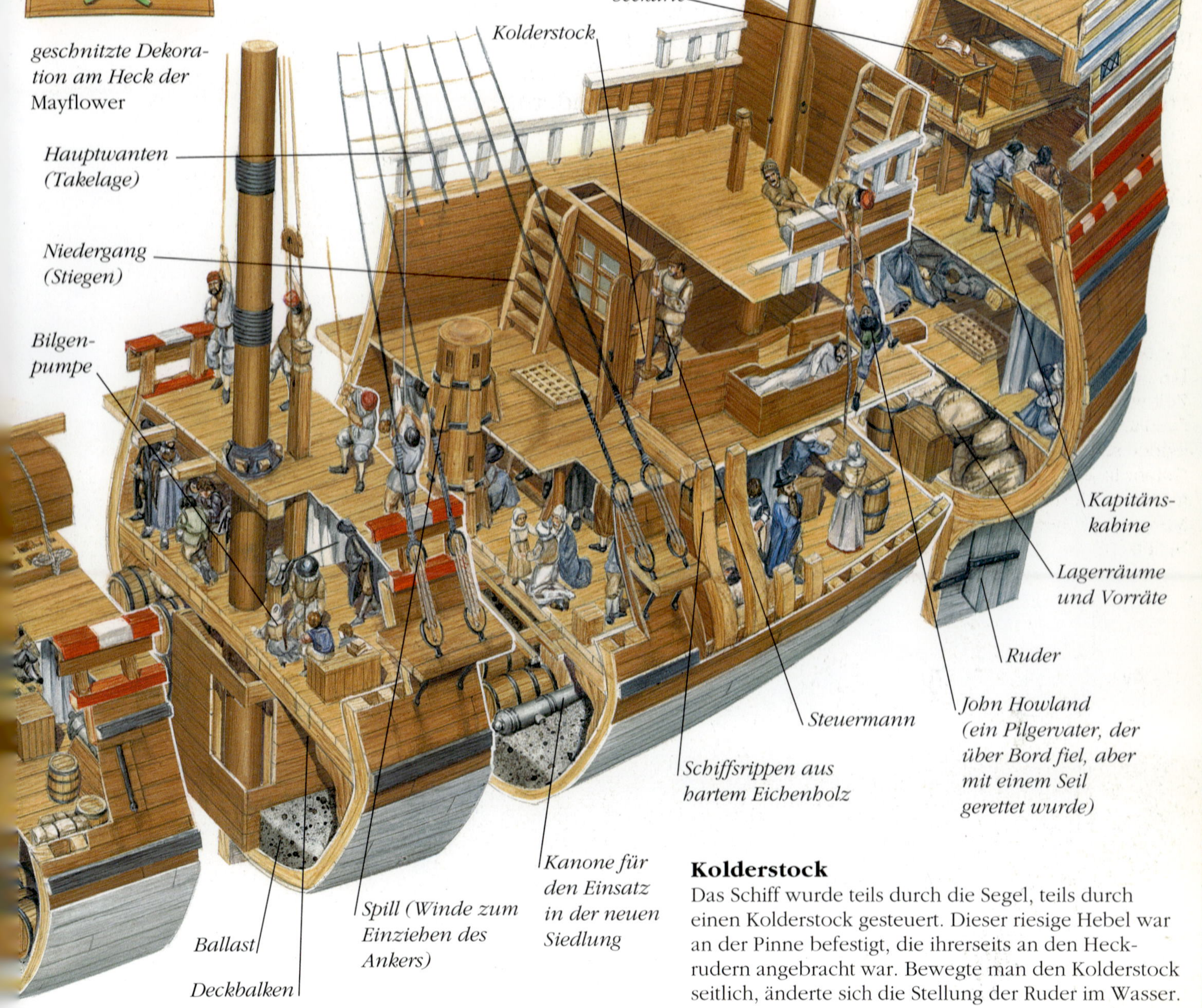

Kolderstock

Das Schiff wurde teils durch die Segel, teils durch einen Kolderstock gesteuert. Dieser riesige Hebel war an der Pinne befestigt, die ihrerseits an den Heckrudern angebracht war. Bewegte man den Kolderstock seitlich, änderte sich die Stellung der Ruder im Wasser.

Technische Daten

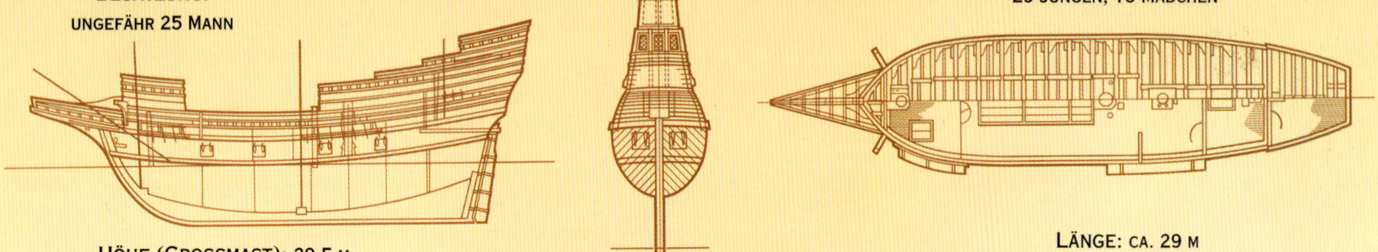

HMS Pandora

IM JAHR 1790 segelte die HMS *Pandora* von England ab. Sie sollte die berüchtigtesten Meuterer in der Geschichte der Seefahrt fassen. 1787 gab der Kapitän der HMS *Bounty* den Befehl, die Pazifikinsel Tahiti zu verlassen und Kurs auf England zu nehmen. Den Matrosen, die lieber auf Tahiti bleiben wollten, gefiel das nicht, und es kam zur Meuterei. Bei ihrer Fahrt faßte die *Pandora* 14 Meuterer, lief aber dann auf das Große Barriereriff bei Nord-Queensland, Australien, auf und sank. 1977 wurde das Wrack gefunden und seither sorgfältig gehoben.

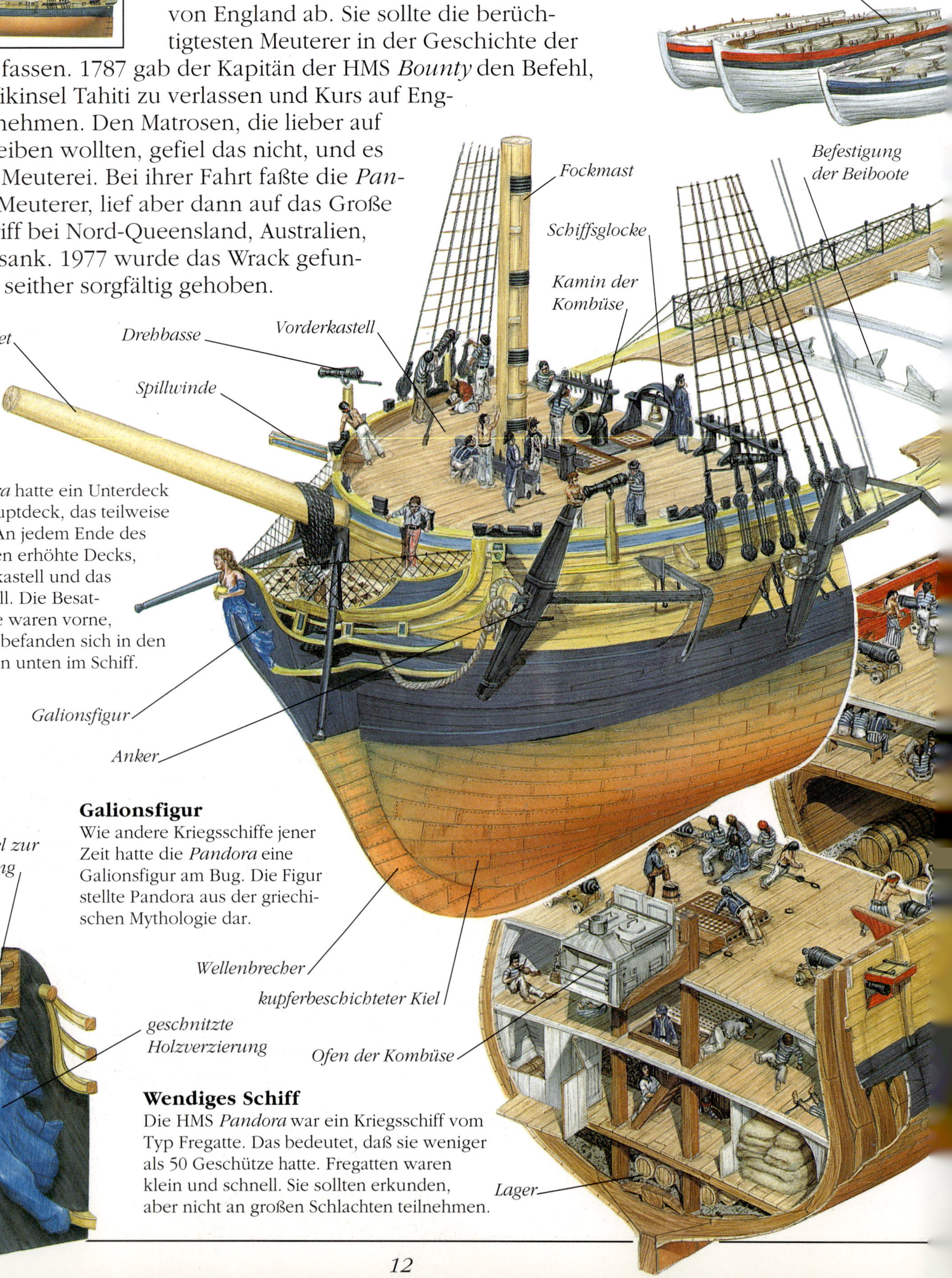

Decks

Die *Pandora* hatte ein Unterdeck und ein Hauptdeck, das teilweise offen war. An jedem Ende des Schiffs waren erhöhte Decks, das Vorderkastell und das Achterkastell. Die Besatzungsräume waren vorne, die Vorräte befanden sich in den Lagerräumen unten im Schiff.

Galionsfigur

Wie andere Kriegsschiffe jener Zeit hatte die *Pandora* eine Galionsfigur am Bug. Die Figur stellte Pandora aus der griechischen Mythologie dar.

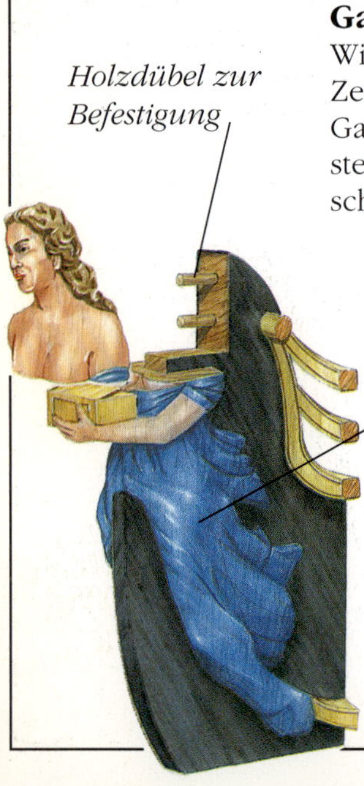

Wendiges Schiff

Die HMS *Pandora* war ein Kriegsschiff vom Typ Fregatte. Das bedeutet, daß sie weniger als 50 Geschütze hatte. Fregatten waren klein und schnell. Sie sollten erkunden, aber nicht an großen Schlachten teilnehmen.

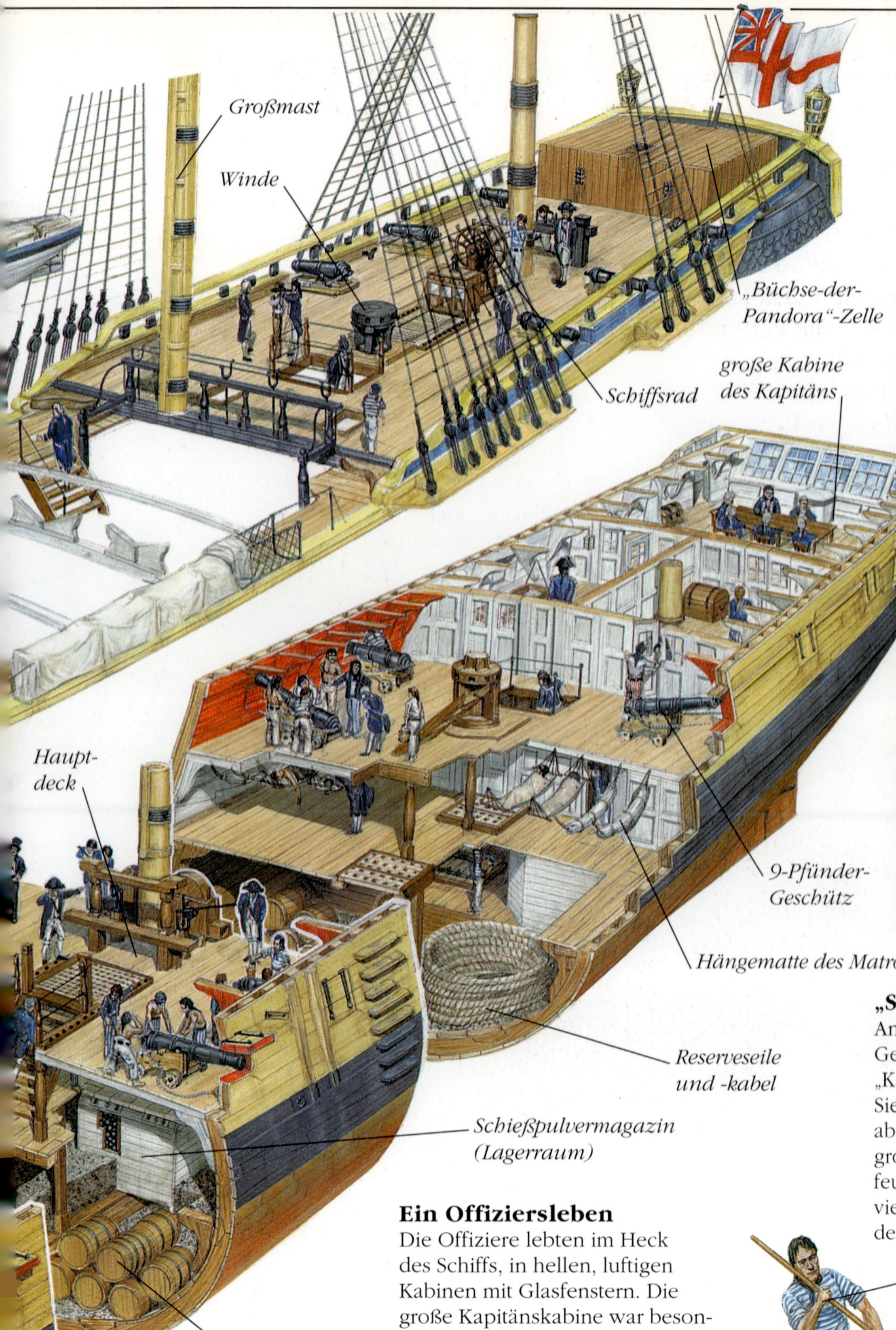

Technische Daten

Länge: 36,5 m

Grösste Breite: 9,75 m

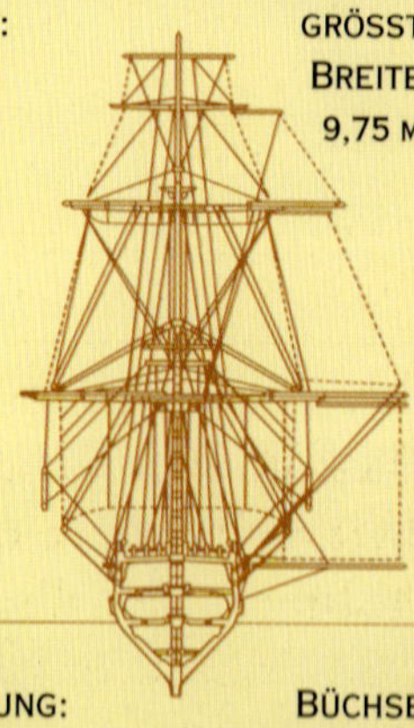

Besatzung: nicht bekannt

Büchse der Pandora: Länge an Deck: 3,4 m, Breite: 5,5 m

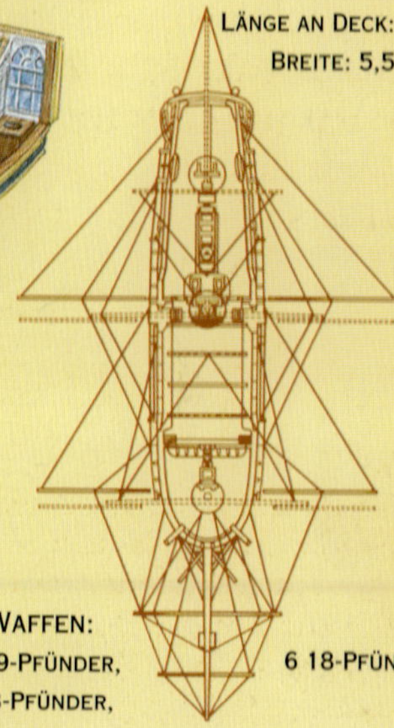

Waffen: 22 9-Pfünder, 2 3-Pfünder, 6 18-Pfünder

„Schmetterer"

An Bord befanden sich 24 große Geschütze. Einige davon waren neue „Karronaden" oder „Schmetterer": Sie konnten große Kanonenkugeln abschießen, die in kurzer Entfernung großen Schaden anrichteten. Sie feuerten auch Hagelgeschosse ab, viele kleine Kugeln, die Mitglieder der Besatzung töteten.

Ein Offiziersleben

Die Offiziere lebten im Heck des Schiffs, in hellen, luftigen Kabinen mit Glasfenstern. Die große Kapitänskabine war besonders luxuriös. Sie hatte sogar einen verzierten Kamin, der später aus dem Wrack gehoben wurde.

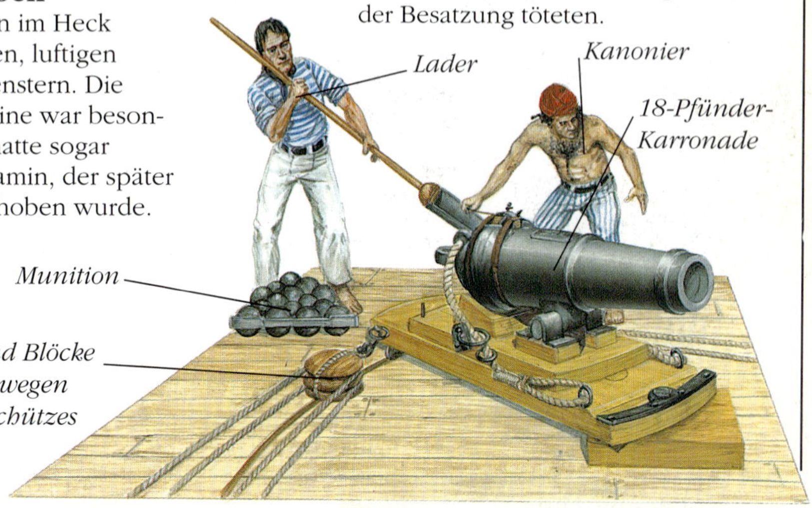

Büchse der Pandora

Auf dem Poopdeck war eine hölzerne Zelle für die Gefangenen. Als das Schiff zu sinken begann, konnten alle außer einem entkommen, der mit Eisen an den Füßen ertrank. Weitere drei ertranken im Meer.

Schlachtschiff

Gegen Ende des 19. Jahrhunderts wurden die Dampfschiffe verbessert und die Kanonenkugeln durch Granaten ersetzt. Bald gehörten die hochmastigen Kriegsschiffe der Vergangenheit an. Neue Schlachtschiffe mit Eisenrumpf, später mit Stahlrumpf, kamen zum Einsatz. Die größte Veränderung erfolgte 1906 mit der HMS *Dreadnought* in Portsmouth, England. Ihre Konstrukteure hatten so viele neue Ideen verarbeitet, daß alle anderen Schlachtschiffe veraltet und unbrauchbar wirkten. Die Dampfturbinen machten sie schneller, die Geschütze waren größer und genauer als alle davor. Sie war das erste Schiff einer Generation, die die Seeschlachten verändern sollte.

Torpedofänger
Riesige Netze konnten über die Seiten gehängt werden, um Torpedos aus feindlichen U-Booten abzufangen. Rutschte einer durch, prallte er an der Stahlpanzerung ab.

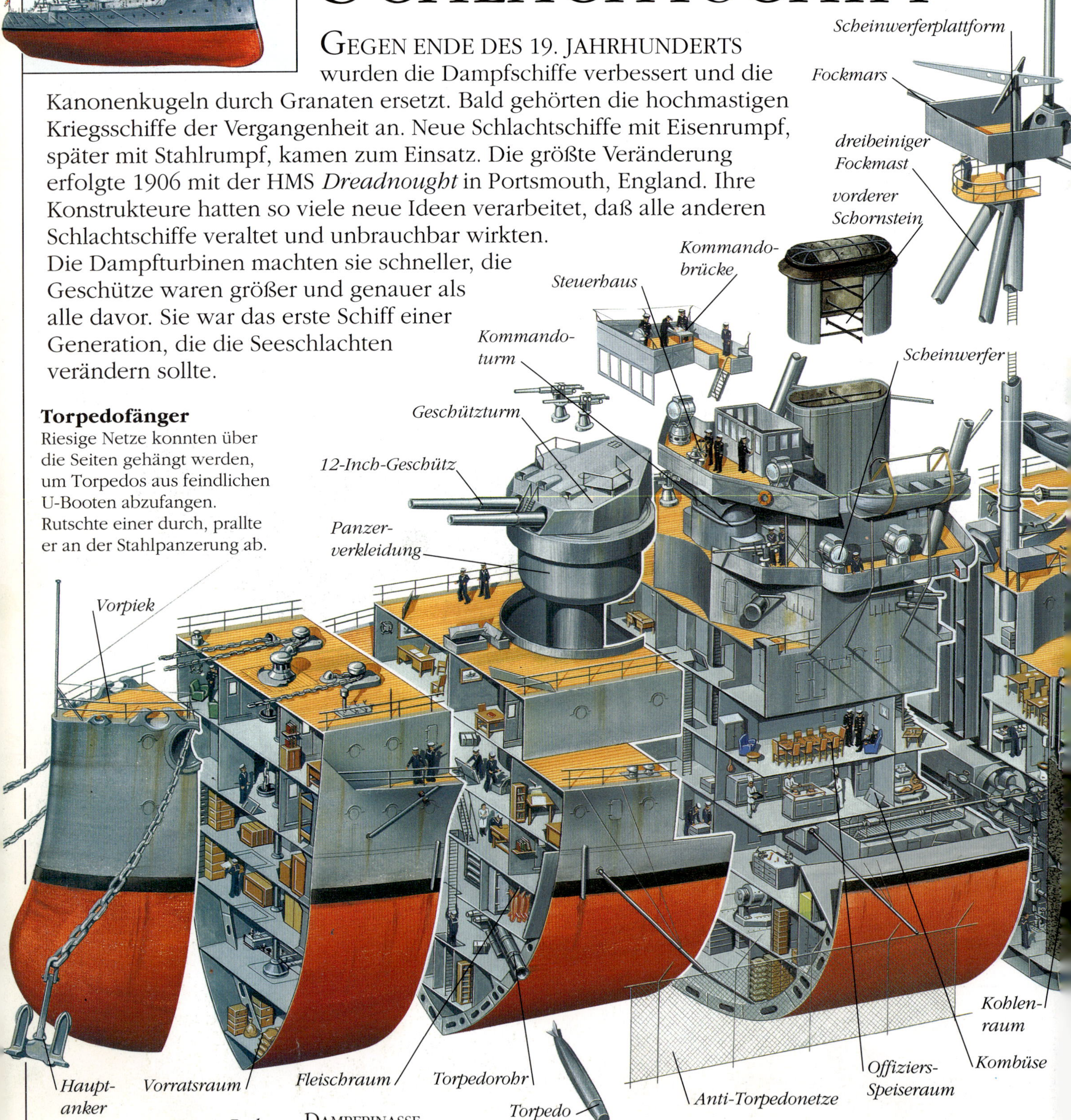

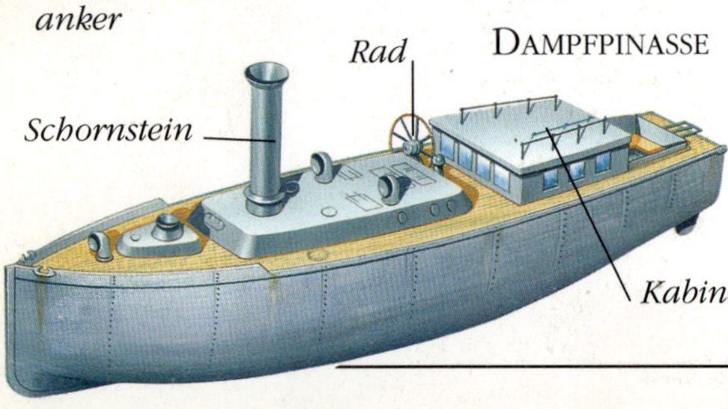

Beiboote
Das Schiff führte mehrere kleine Boote mit, wie die hier abgebildete Dampfpinasse. Sie wurden verwendet, um Offiziere und Vorräte zum und vom Land zu bringen.

Volle Kraft voraus!
Die Turbinen der *Dreadnought* waren schnell und verläßlich. In ihnen drückte Dampf gegen viele tausend drehende Schaufeln, die auf Wellen montiert waren und die Schraube antrieben.

Große Geschütze

Die *Dreadnought* verfügte über zehn große Geschütze, von denen jedes 385,5 kg Patronen verfeuern konnte. Sie konnte eine Breitseite von acht Granaten zur selben Zeit in dieselbe Richtung abschießen. Andere Kriegsschiffe jener Zeit hatten verschieden große Geschütze mit unterschiedlicher Reichweite.

FEUERLEITSTAND

Feuerleitstand

1915, während des I. Weltkriegs, wurde die *Dreadnought* mit einer Feuerleitung ausgerüstet. Von dieser Vorrichtung auf einem kleinen Geschützturm am Vorderdeck aus wurden die Geschütze ausgerichtet. Von hier wurden alle 12-Inch-Geschütze des Schiffs abgefeuert.

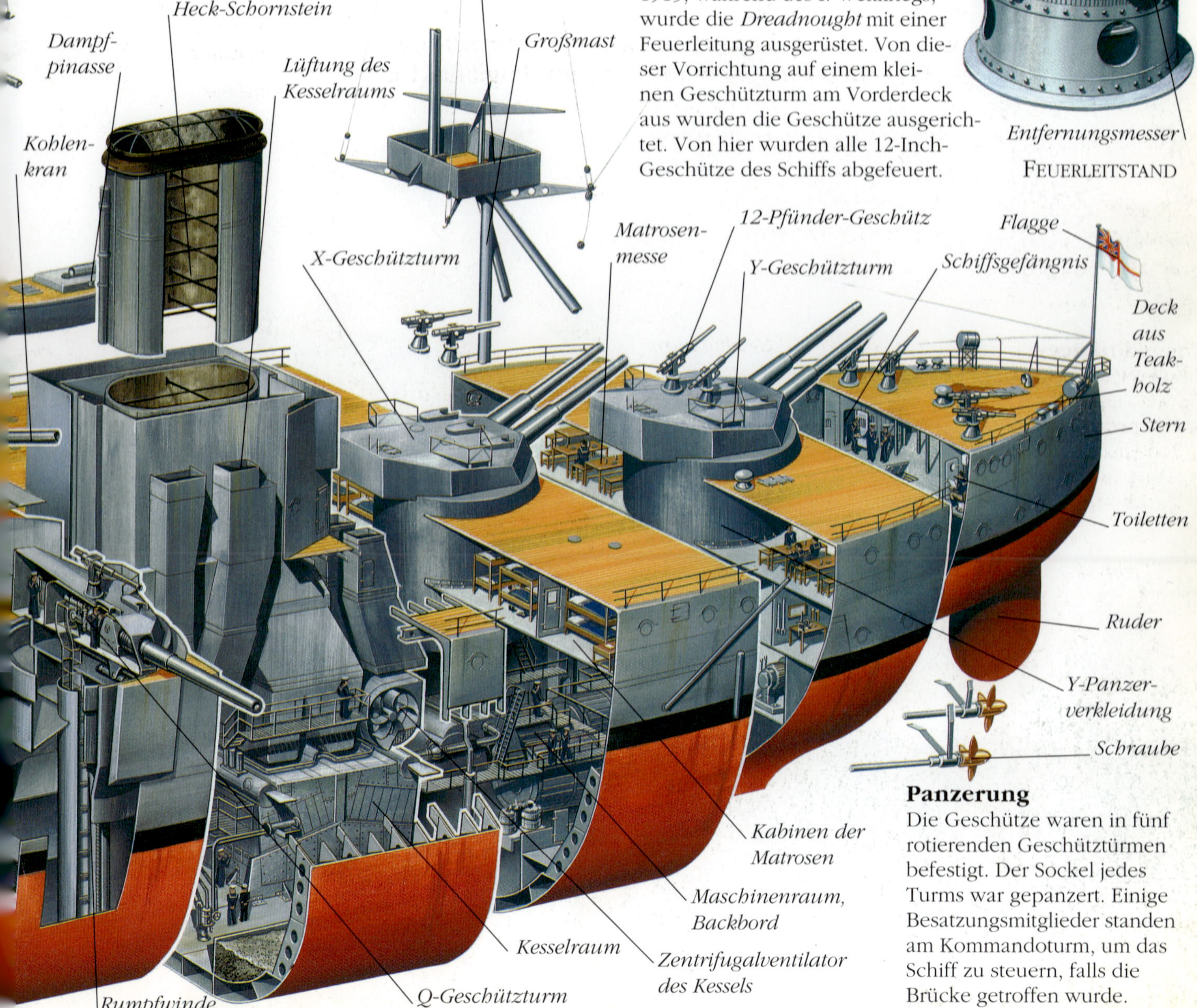

Panzerung

Die Geschütze waren in fünf rotierenden Geschütztürmen befestigt. Der Sockel jedes Turms war gepanzert. Einige Besatzungsmitglieder standen am Kommandoturm, um das Schiff zu steuern, falls die Brücke getroffen wurde.

TECHNISCHE DATEN

JUNGFERNFAHRT:
FEBRUAR 1906

LÄNGE:
160 M

GRÖSSTE BREITE:
25 M

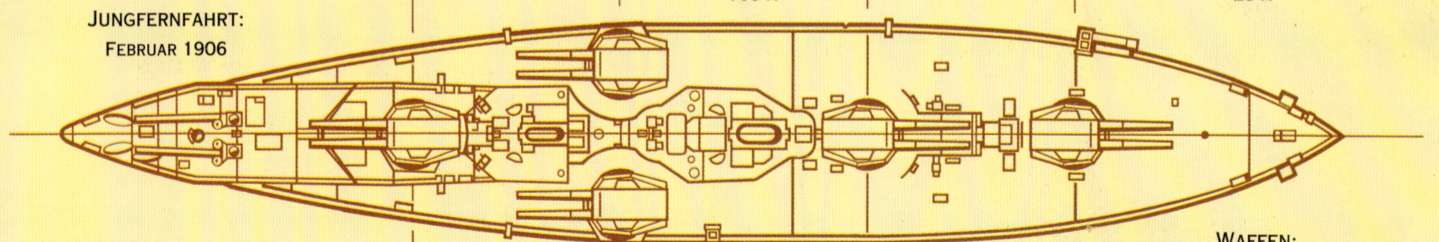

BESATZUNG:
727 OFFIZIERE UND MATROSEN

HÖCHSTGESCHWINDIGKEIT:
21 KNOTEN

WAFFEN:
10 12-INCH-GESCHÜTZE,
27 12-PFÜNDER-GESCHÜTZE,
5 TORPEDOROHRE

Canberra

Ein modernes Passagierschiff ist ein riesiges, schwimmendes, sehr luxuriöses Hotel. Die Passagiere können sich an Deck sonnen, im Pool schwimmen, Sport betreiben, einkaufen oder ins Kino gehen. Die wichtigste Aufgabe der Besatzung ist, den Passagieren das Leben so angenehm wie möglich zu machen. Dieses Bild zeigt die *Canberra*. Sie lief 1960 vom Stapel und ist noch immer bei Kreuzfahrten im Einsatz. Ursprünglich galt ihre Form als zukunftsweisend. Ihr schlanker, eleganter Rumpf und ihre Unterdeck-Konstruktion wurden bei Passagierschiffen in aller Welt kopiert.

Luxusleben

Die meisten Passagierkabinen befinden sich in der Mitte des Schiffs, weit weg von jedem Maschinenlärm und jeder Vibration. Zwischen den Kabinenbereichen sind Lounges, Geschäfte, Friseure, Bibliotheken und Kinderspielräume.

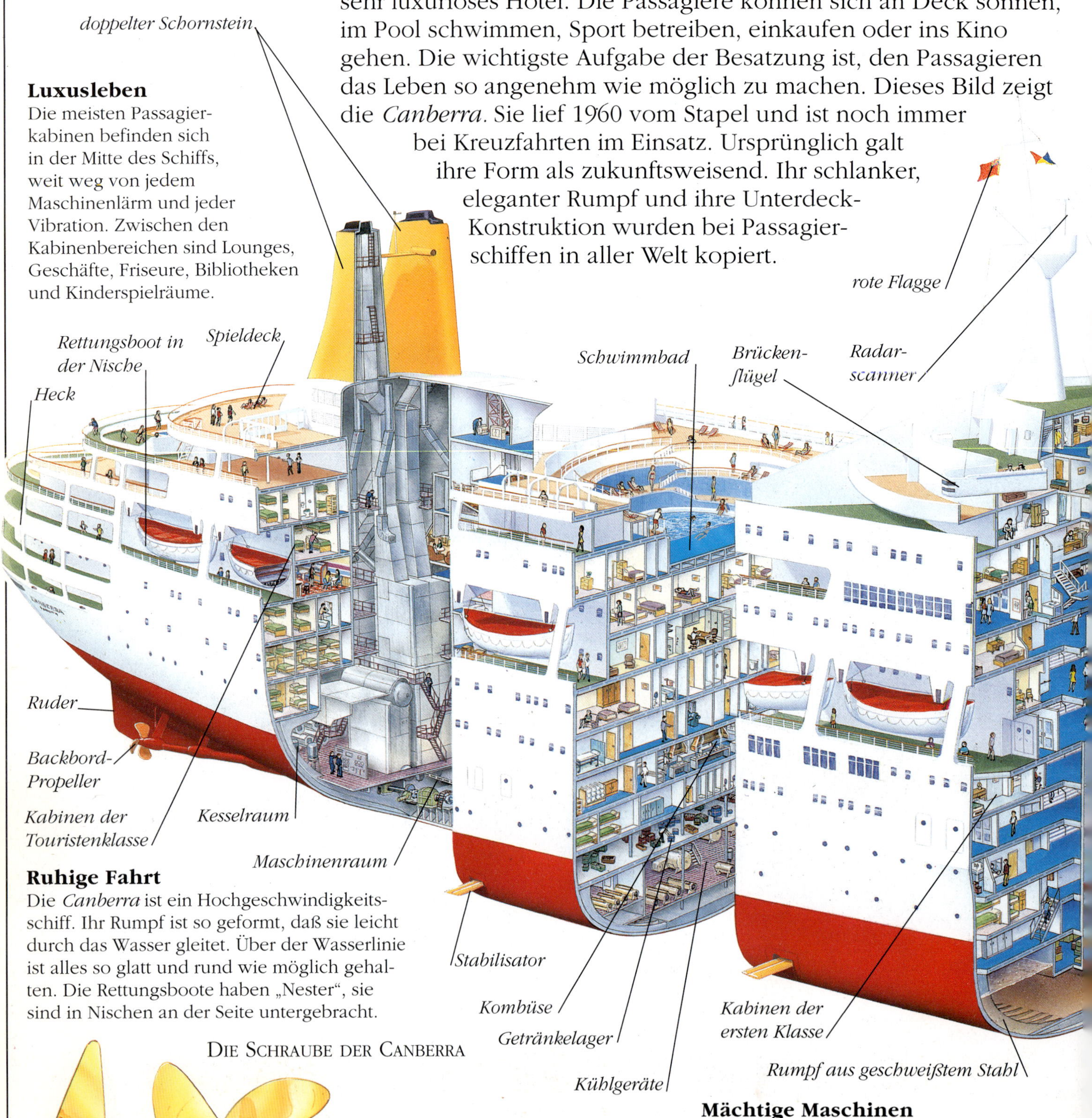

Ruhige Fahrt

Die *Canberra* ist ein Hochgeschwindigkeitsschiff. Ihr Rumpf ist so geformt, daß sie leicht durch das Wasser gleitet. Über der Wasserlinie ist alles so glatt und rund wie möglich gehalten. Die Rettungsboote haben „Nester", sie sind in Nischen an der Seite untergebracht.

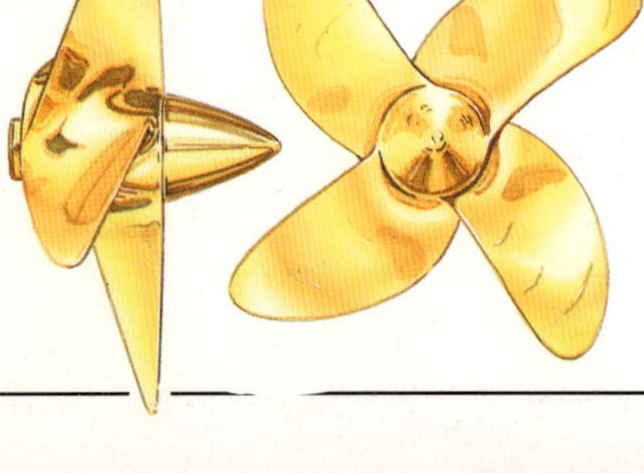

Die Schraube der Canberra

Zwei Schiffsschrauben

Die beiden Schrauben befinden sich am Heck auf jeder Seite des Rumpfs. Sie treiben die *Canberra* mit einer Durchschnittsgeschwindigkeit von 27,5 Knoten an.

Mächtige Maschinen

Anders als bei den meisten früheren Schiffen sind die Motoren beim Heck. Dampfturbinen werden verwendet, um Strom für die Motoren zu erzeugen, die zwei Schrauben unter dem Heck drehen. Das Schiff braucht für 16 m 4,5 Liter Treibstoff.

Technische Daten

Höhe (Kiel bis Schornsteinboden): 32,46 m

Grösste Breite: 31 m

Länge: 249,93 m

Passagiere pro Jahr: ungefähr 20 000

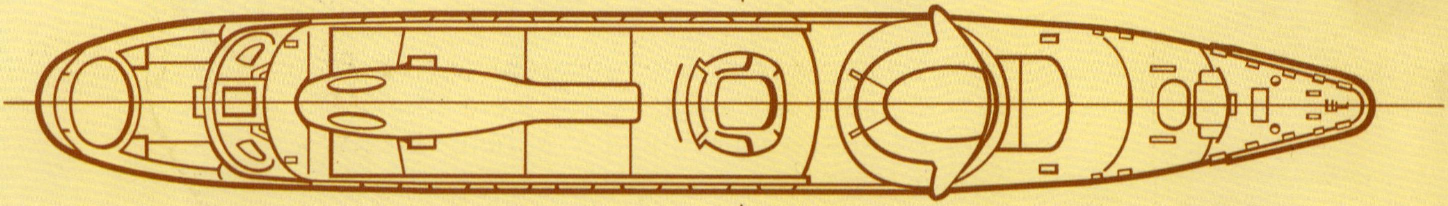

Befördert bis zu 5 000 Stück Gepäck auf einer Reise

Normalgeschwindigkeit: 27,5 Knoten

Höchstgeschwindigkeit: 29,27 Knoten

Kapazität: 2 238 Personen, 548 Passagiere der ersten Klasse; 960 Besatzungsmitglieder, darunter 194 Küchenbedienstete

Kommandoposten des Kapitäns

Der obere Teil des Schiffs ragt über dem Hauptdeck in die Höhe. Auf diesen Deckaufbauten befindet sich die Brücke, wo der Kapitän arbeitet. Hier sind auch die Offizierskabinen und der Navigationsraum mit Radar und Satellitennavigationsgeräten.

Besatzung der Canberra

Auf dem Schiff arbeiten 960 Personen, darunter Kellner, Köche, Putzpersonal, Animateure und weiteres Hotelpersonal, sowie die Matrosen, die für eine reibungslose Fahrt sorgen.

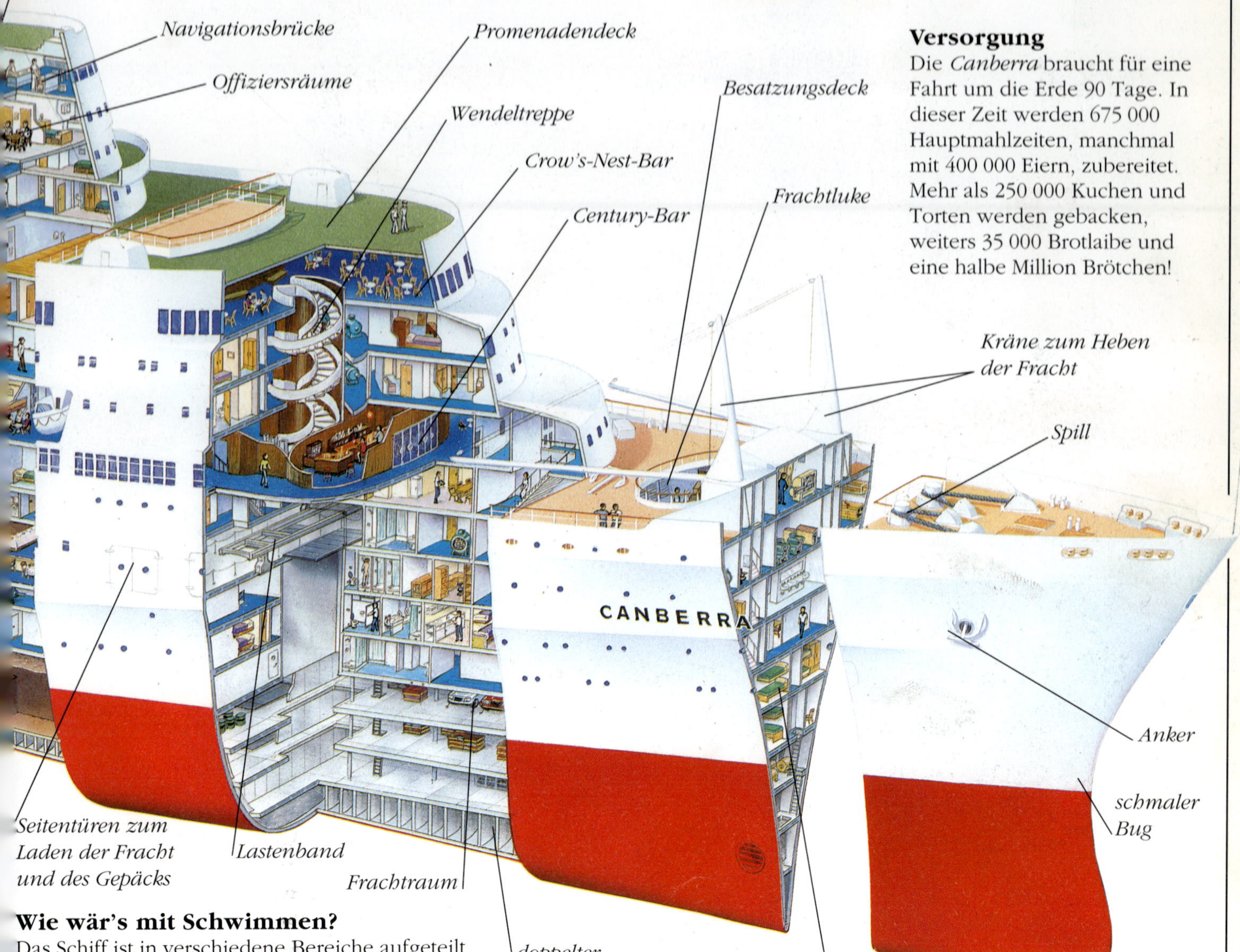

Versorgung

Die *Canberra* braucht für eine Fahrt um die Erde 90 Tage. In dieser Zeit werden 675 000 Hauptmahlzeiten, manchmal mit 400 000 Eiern, zubereitet. Mehr als 250 000 Kuchen und Torten werden gebacken, weiters 35 000 Brotlaibe und eine halbe Million Brötchen!

Wie wär's mit Schwimmen?

Das Schiff ist in verschiedene Bereiche aufgeteilt und hat 14 Decks. Auf den Oberdecks befinden sich Pools, Sonnendecks und Spielplätze.

Flugzeugträger

Flugzeugträger sind die größten Kriegsschiffe der Welt. Ihr riesiger Stahlrumpf ragt hoch über die Wellen hinaus, und ihr Flugdeck erstreckt sich über die gesamte Länge des Schiffs. Ein Träger muß dem Feind nicht nahe kommen. Das Flugzeug kann vom Deck abheben und ein weit entferntes Ziel beschießen. Während des II. Weltkriegs kämpften amerikanische Flugzeugträger der Essex-Klasse wichtige Schlachten im Pazifik. Viele Elemente des Trägers sind bis heute gleichgeblieben. Sie beförderten über hundert Flugzeuge, viele tausend Menschen und sehr viel Munition und Treibstoff. Dieses Bild zeigt die USS *Lexington* der Essex-Klasse, die im Pazifik im Einsatz war.

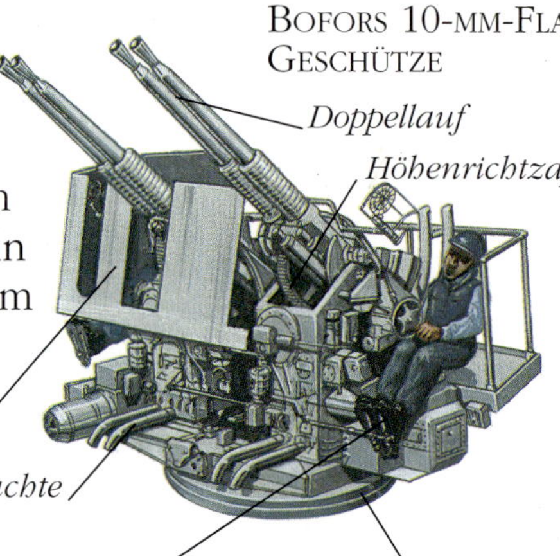

Den Feind abschießen
Da Flugzeugträger von feindlichen Flugzeugen angegriffen werden konnten, waren sie mit vielen kleinen Fla-Schnellfeuergeschützen bestückt, um diese aus geringer Entfernung abzuschießen. Die Besatzung trug weiße Kappen zum Schutz gegen Lichtblitzverbrennungen.

Kamikaze!
Eine der größten Gefahren für die Träger waren im II. Weltkrieg die japanischen *Kamikaze*-Flieger. Mitsamt ihren bombenbestückten Flugzeugen stürzten sich die Piloten auf feindliche Schiffe.

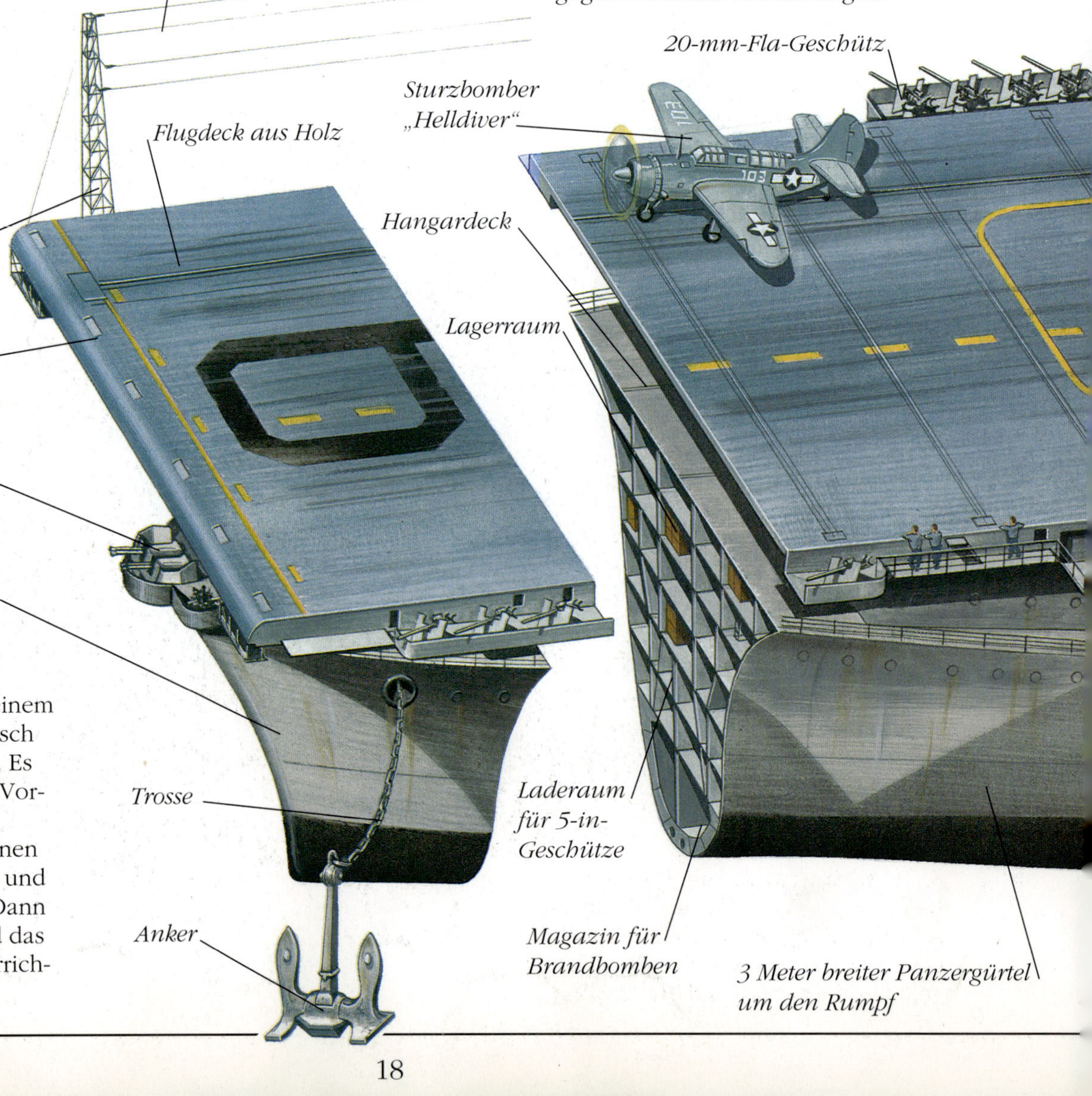

Auf und davon
Wenn ein Flugzeug von einem Schiff abhob, mußte es rasch Geschwindigkeit zulegen. Es war mit einem Haken an Vorrichtungen befestigt, die dampfgetrieben auf Schienen über das Flugdeck glitten und das Flugzeug antrieben. Dann löste sich der Haken, und das Flugzeug hob ab. Die Vorrichtung hieß Katapult.

Auf der Insel

Brücke, Schornstein und Navigationsräume lagen über dem Flugdeck in der sogenannten „Insel“. Sie war auf eine Seite gebaut, um das Flugdeck frei zu halten. Darüber befanden sich Funk- und Radarausrüstung sowie Feuerleitungen.

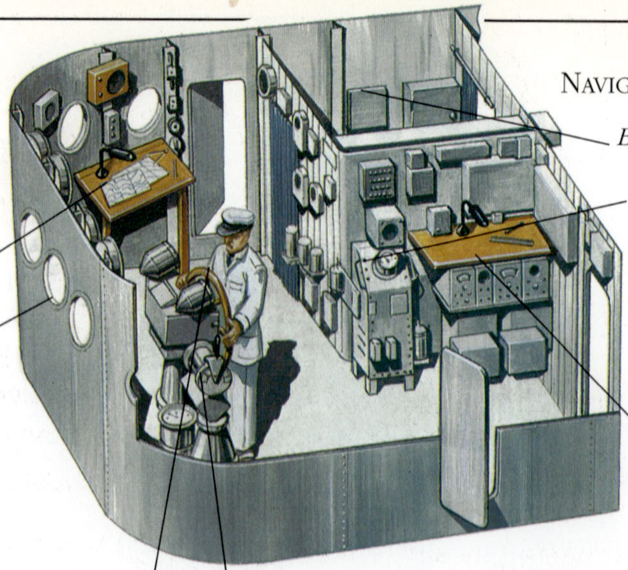

Wasserflugzeuge

An Bord war Platz für mehr als hundert Flugzeuge, darunter Jagd- und Sturzbomber und Torpedoflugzeuge. Jeder Flugzeugtyp führte einen anderen Angriff durch. Sie hatten alle zusammenklappbare Flügel, damit sie leichter untergebracht werden konnten.

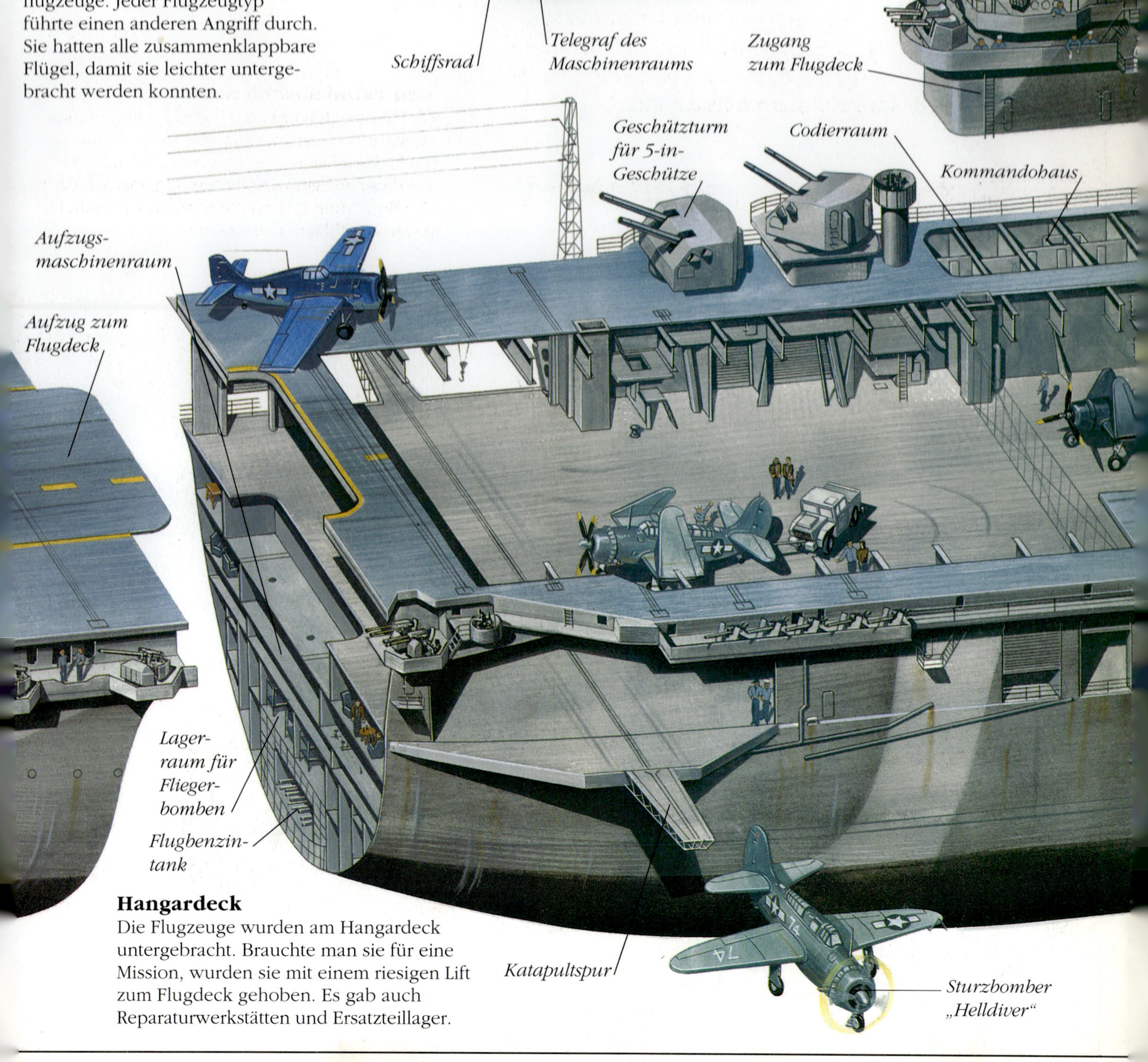

Hangardeck

Die Flugzeuge wurden am Hangardeck untergebracht. Brauchte man sie für eine Mission, wurden sie mit einem riesigen Lift zum Flugdeck gehoben. Es gab auch Reparaturwerkstätten und Ersatzteillager.

Ein Antennenwald

Die *Lexington* war mit Luft- und Bodenradar, um feindliche Flugzeuge und Schiffe aufzuspüren, weiters Höhensuchgeräten, um die Höhe der hereinkommenden Flugzeuge zu bestimmen, mit Antennen für Lang- und Kurzstreckenradar und Geräten zum Stören feindlicher Signale ausgerüstet.

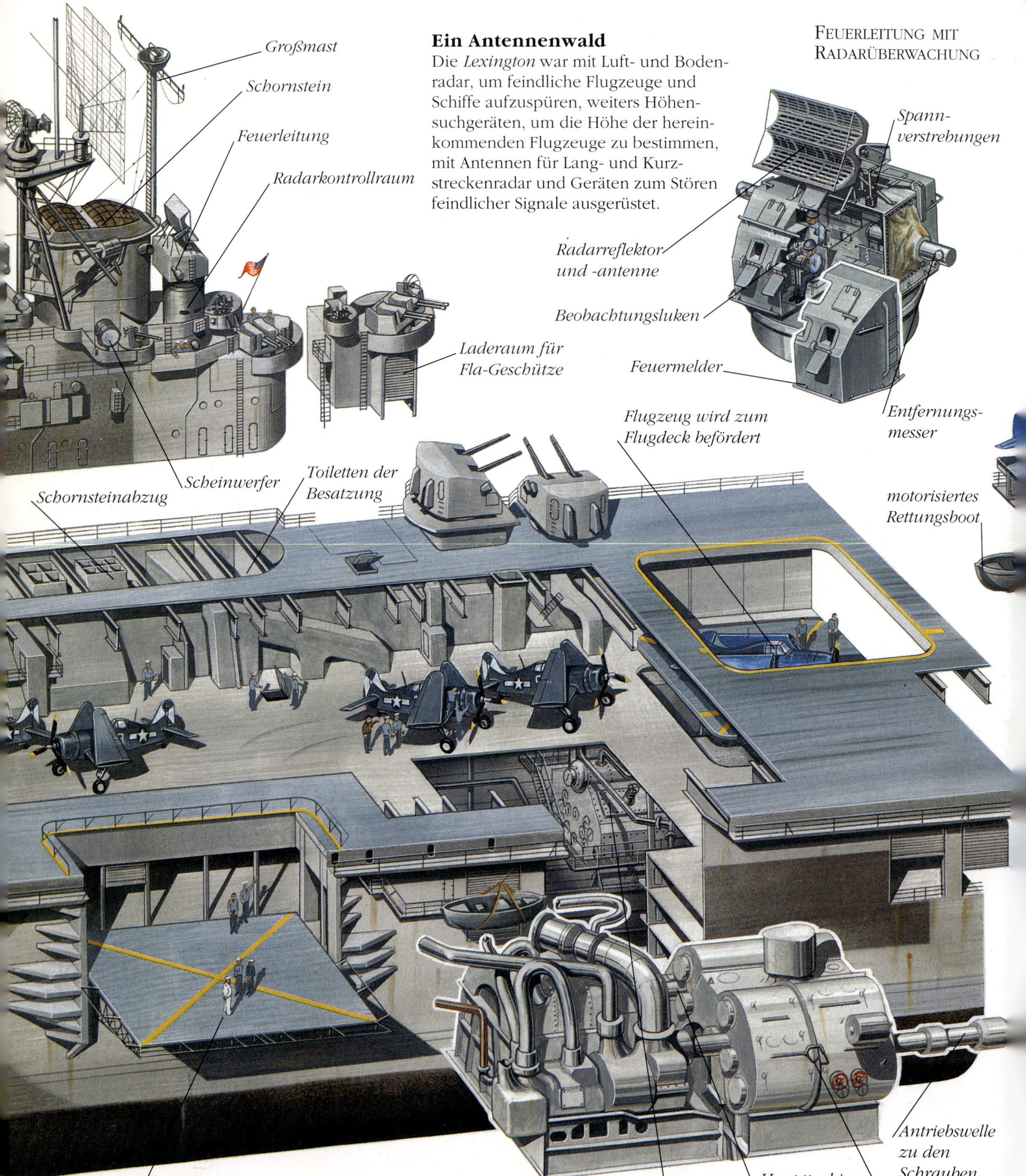

Das Ungeheuer fährt

Im Rumpf gab es viele Kessel, in denen Treibstoff verbrannt wurde, um Wasser zu erhitzen und Dampf zu erzeugen. Er trieb die riesigen Turbinen an, die wiederum die Schrauben des Schiffs drehten. Die Höchstgeschwindigkeit betrug 33 Knoten.

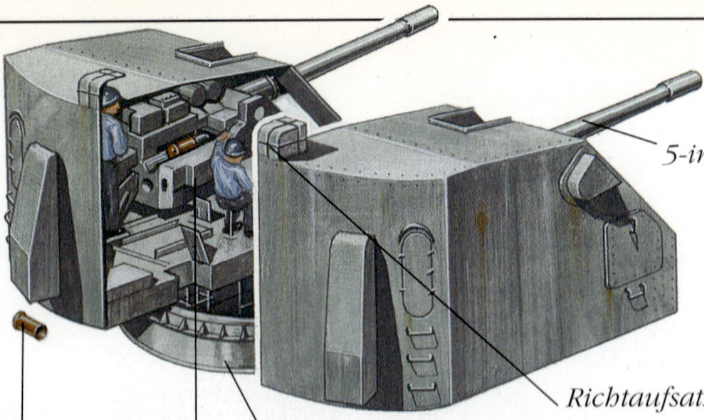

Große Geschütze

Neben kleinen Fla-Geschützen waren auf jeder Seite der Insel auch größere 5-in-Geschütze mit größerer Reichweite montiert, die auch mit Radar-Richtgeräten verbunden waren.

Glücklich gelandet

Die Flugzeuge landeten über dem Heck. Kam eines herein, koppelte ein Haken hinten am Flugzeug an eines der stählernen „Fangkabel" an, die sich wie riesige Gummibänder über das Deck erstreckten und das Flugzeug sanft bremsten. Erwischte der Haken kein Kabel, konnte man das Flugzeug in einen Fangzaun lenken. Verpaßte man auch den, fiel es ins Meer!

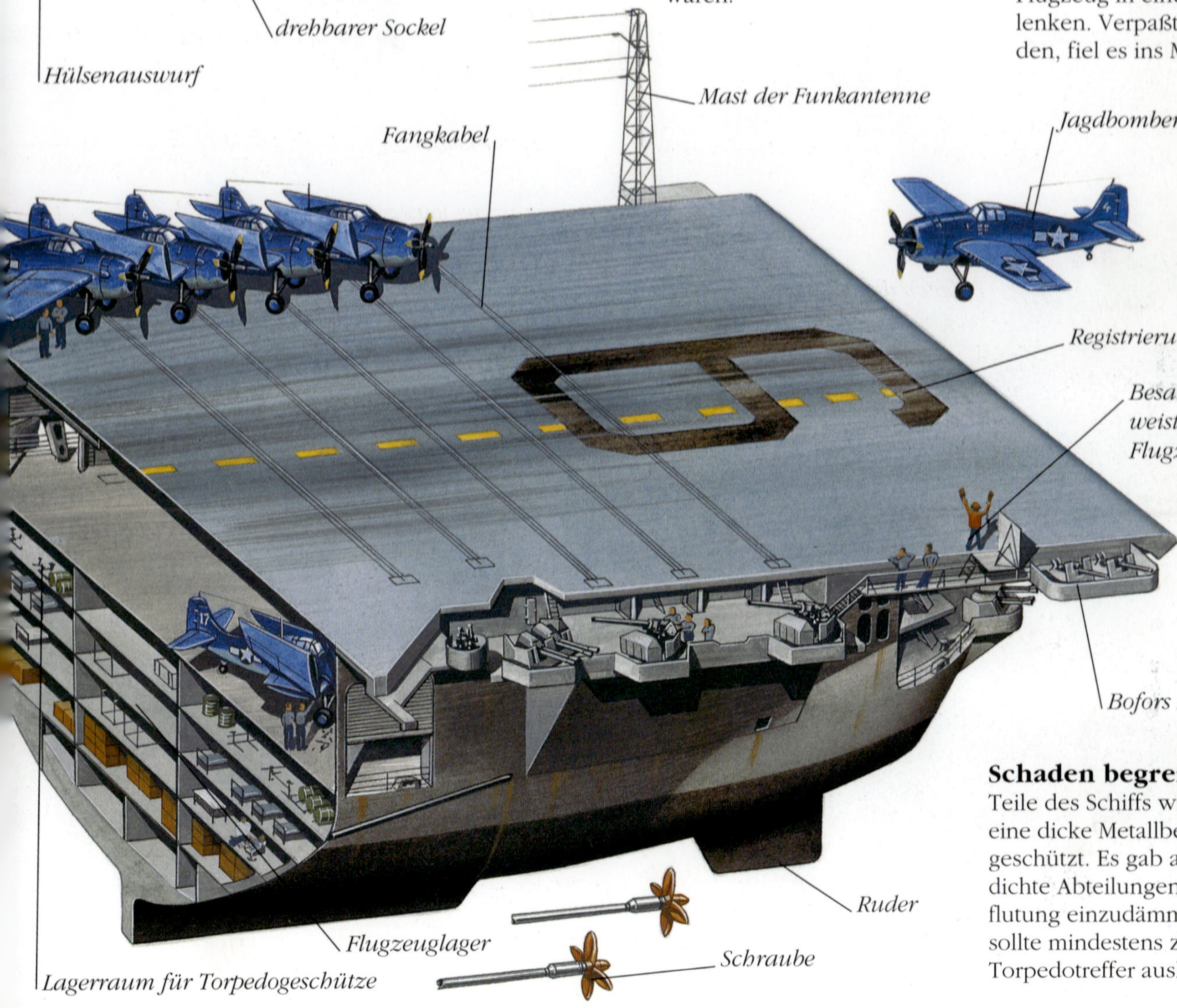

Schaden begrenzen

Teile des Schiffs waren durch eine dicke Metallbeschichtung geschützt. Es gab auch wasserdichte Abteilungen, um die Überflutung einzudämmen. Das Schiff sollte mindestens zwei direkte Torpedotreffer aushalten.

Technische Daten

Geschwindigkeit: 33 Knoten

Größte Breite an der Wasserlinie: 28,3 m

Besatzung: über 3 000 Mann

Größe des Flugdecks: 257,8 m x 32,9 m

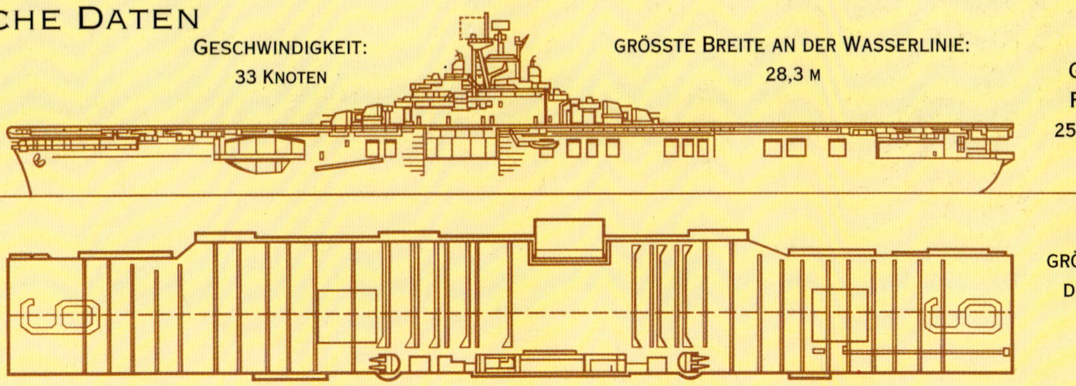

Länge: 265,7 m

Größte Breite an der breitesten Stelle: 44,8 m

DSCHUNKE

IM 13. JAHRHUNDERT erreichte der Venezianer Marco Polo als einer der ersten Reisenden China. Er staunte über viele Dinge, unter anderem über leuchtend gestrichene Boote, die teilweise viel höher entwickelt waren als alles, was Europäer zu jener Zeit bauen konnten. Zum Beispiel hatten sie ein Ruder am Heck und wasserdichte Abteile unter dem Deck. Diese Dschunken gibt es noch heute. Seit Jahrhunderten befahren sie Flüsse und Küsten. Es gibt viele verschiedene Dschunken. Abgebildet ist das meerestaugliche Modell aus der Region Fuzhou.

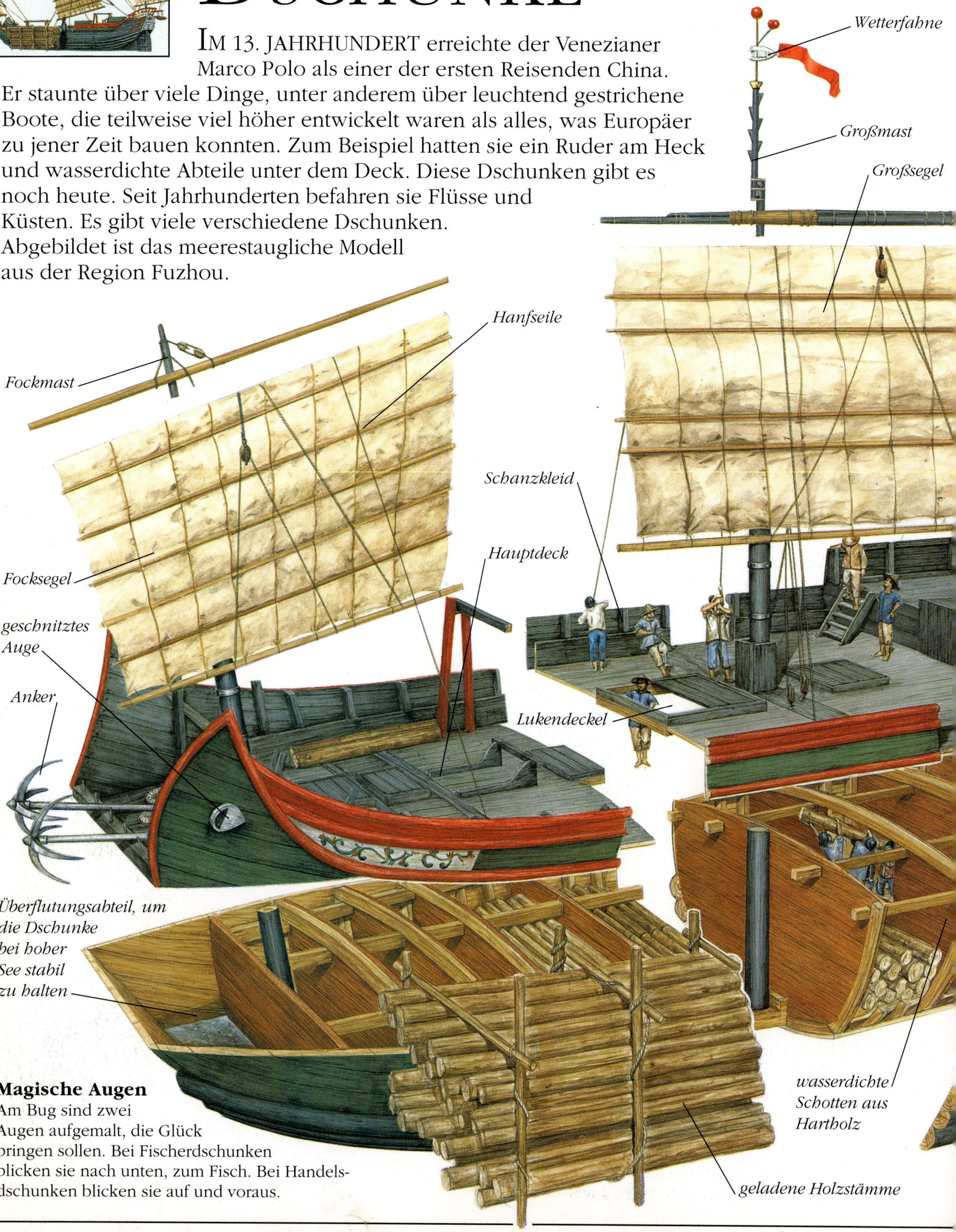

Magische Augen
Am Bug sind zwei Augen aufgemalt, die Glück bringen sollen. Bei Fischerdschunken blicken sie nach unten, zum Fisch. Bei Handelsdschunken blicken sie auf und voraus.

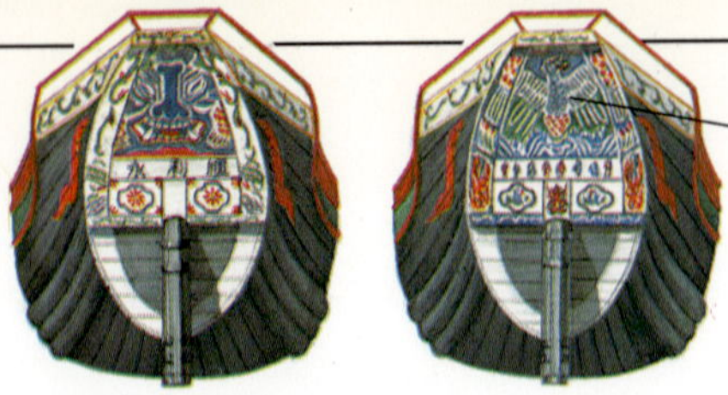

Glücksbringer
Das Heck ist meist mit traditionellen Zeichen bemalt. Die Matrosen glauben, daß sie Glück, Reichtum und Sicherheit bringen. Die häufigste Farbe ist rot, da Rot böse Geister abhalten soll.

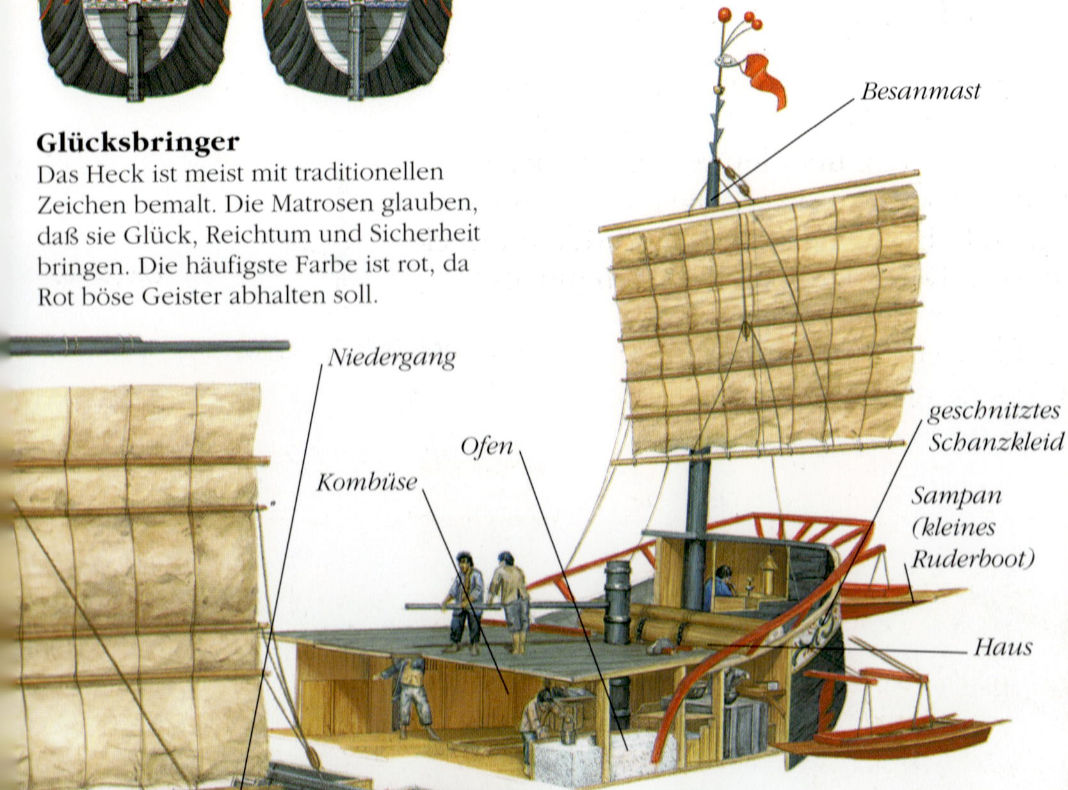

Hinten
Das Heck ist meist viereckig. Darüber liegt eine Kabine, das Haus, wo die Besatzung lebt und kocht.

Technische Daten

Rumpf: 15 wasserdichte Abteilungen

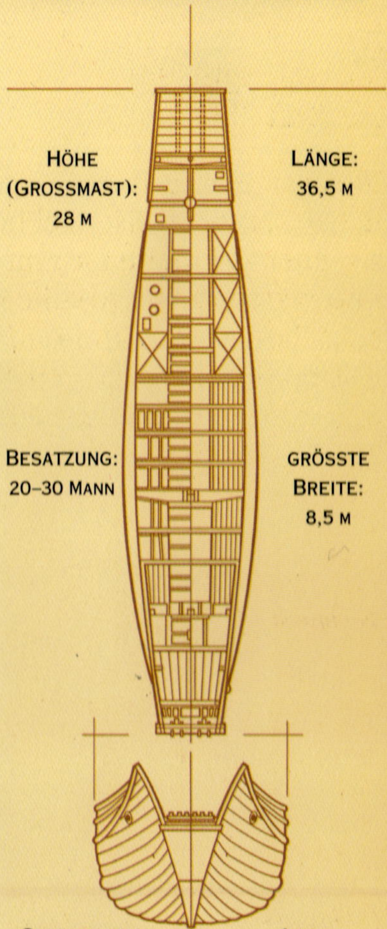

Höhe (Grossmast): 28 m

Länge: 36,5 m

Besatzung: 20–30 Mann

Grösste Breite: 8,5 m

Gewicht des Ruders: 9,9 m

Last: 5 000 Stück Holz

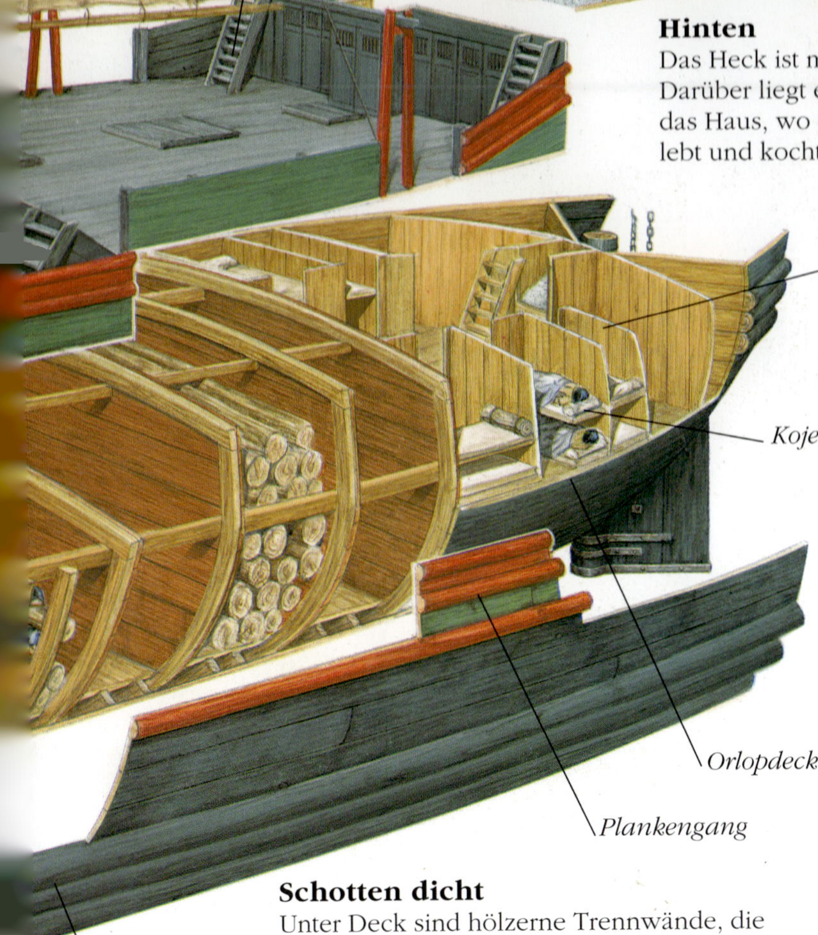

Schotten dicht
Unter Deck sind hölzerne Trennwände, die Schotten. Sie teilen den Rumpf in mehrere wasserdichte Abteilungen für die Last. Wird das Schiff beschädigt, verhindern die Schotten, daß die Dschunke sinkt.

Ein Ruder zum Heben
Das Ruder einer Dschunke ist ungewöhnlich groß. Es hängt vom Heck herab und wird durch Ketten gehoben oder gesenkt. In seichtem Wasser wird es gehoben und das Schiff mit einer kurze Pinne gelenkt. In tiefem Wasser wird es gesenkt und eine längere Pinne angebracht.

TRAWLER

SEIT VIELEN JAHRHUNDERTEN fischen Menschen in Meeren, widerstehen hohem Wellengang und Stürmen, um Fisch heimzubringen. Der Unterschied heute ist, daß die Schiffe viel sicherer und bequemer sind als jemals zuvor und daß sie über viel Ausrüstung verfügen, die der Besatzung das Leben erleichtert. Dieses moderne Schiff heißt Trawler. Zum Fischen benutzt es ein riesiges „Schleppnetz", das viele tausend Fische faßt. Sobald die Fische im Boot sind, werden sie verarbeitet und für die Rückreise eingefroren.

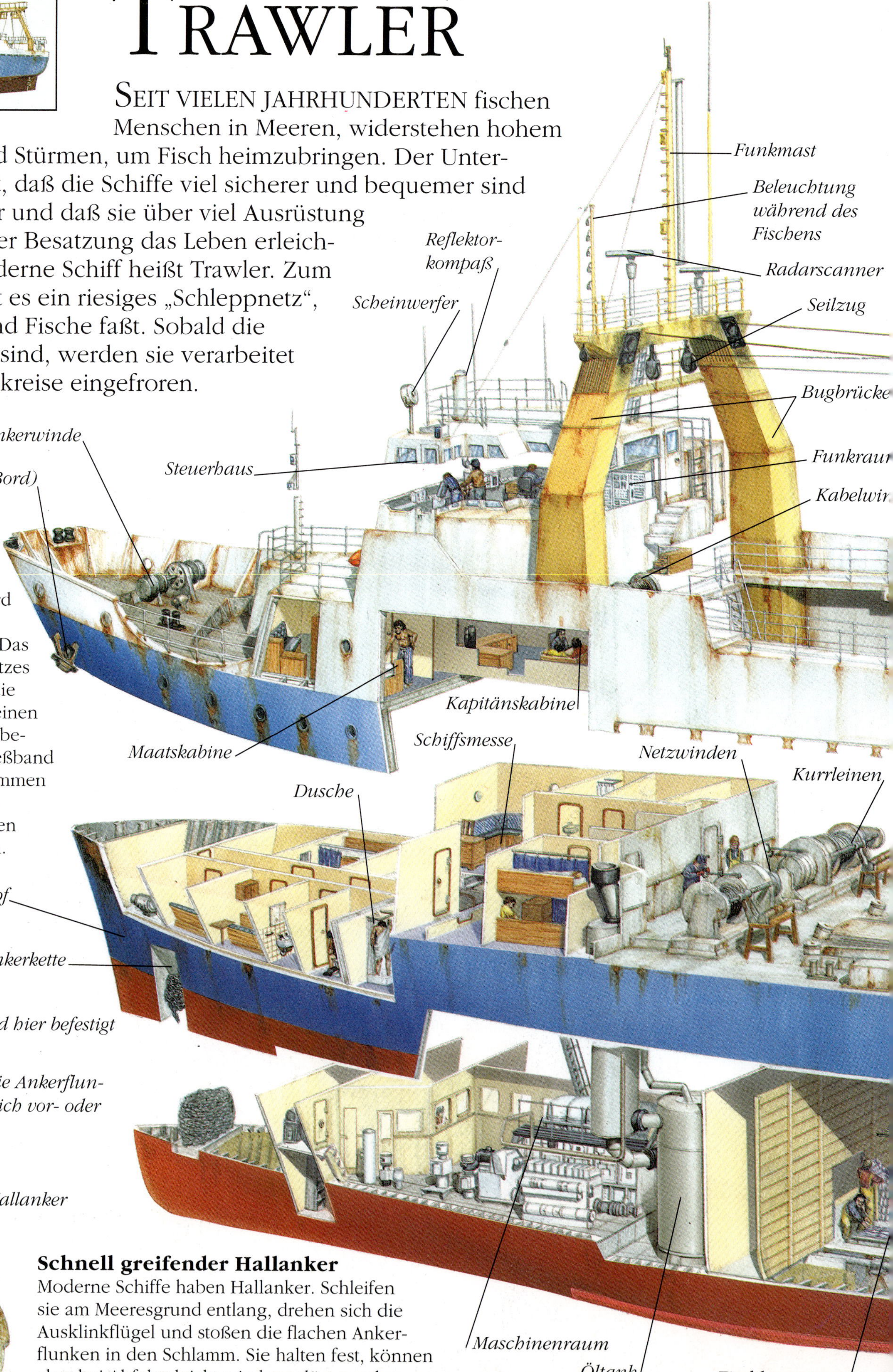

Nichts für feine Nasen

Ist das Netz voll, wird es über eine Rampe am Heck eingeholt. Das hintere Ende des Netzes wird geöffnet, und die Fische gleiten über einen Schacht zum Fabriksbereich. Auf einem Fließband werden sie ausgenommen und gereinigt. Dann werden sie in Blöcken zu 50 kg eingefroren.

Schnell greifender Hallanker

Moderne Schiffe haben Hallanker. Schleifen sie am Meeresgrund entlang, drehen sich die Ausklinkflügel und stoßen die flachen Ankerflunken in den Schlamm. Sie halten fest, können aber bei Abfahrt leicht wieder gelöst werden.

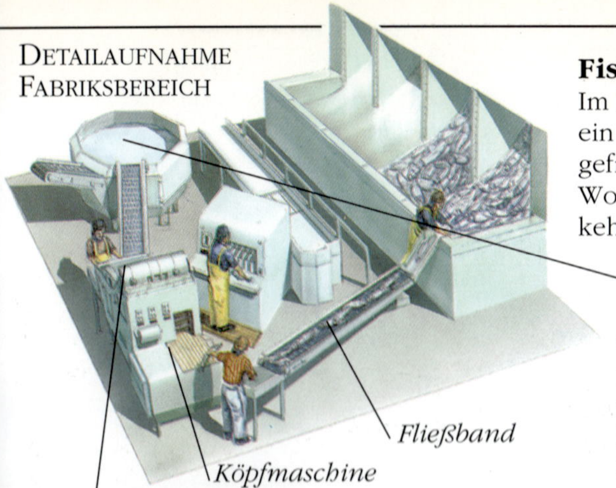

Fischkühler
Im Frachtraum des Schiffs befindet sich ein riesiger Kühlraum, wo die Fischblöcke gefroren werden. Das Schiff kann einige Wochen auf See sein, doch bei der Rückkehr sind die Fische fangfrisch.

Obenauf
Das Netz wird mit Winden und Seilzügen eingeholt oder ausgeworfen. Das Boot hat zwei hohe Brücken, die einige Seile halten. Auf der Bugbrücke sind der Funkmast und rotierende Radarscanner, die sogar bei Nebel andere Boote erkennen.

TECHNISCHE DATEN

BESATZUNG: 24 MIT DEM KAPITÄN

EIGENGEWICHT: 250 TONNEN

LÄNGE DES SCHIFFS: 60 M

BREITE: 11,5 M

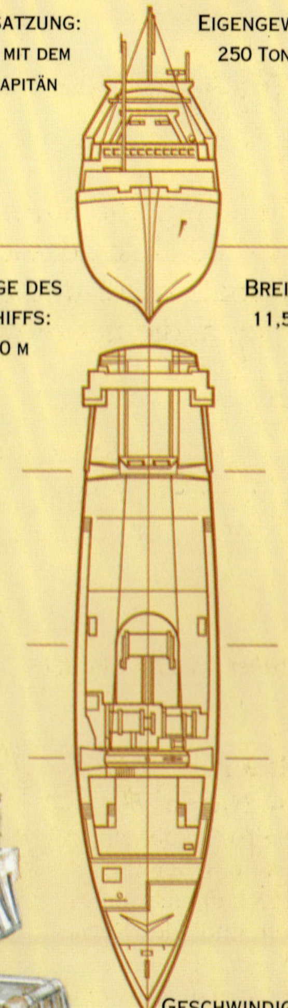

GESCHWINDIGKEIT: BIS ZU 14 KNOTEN

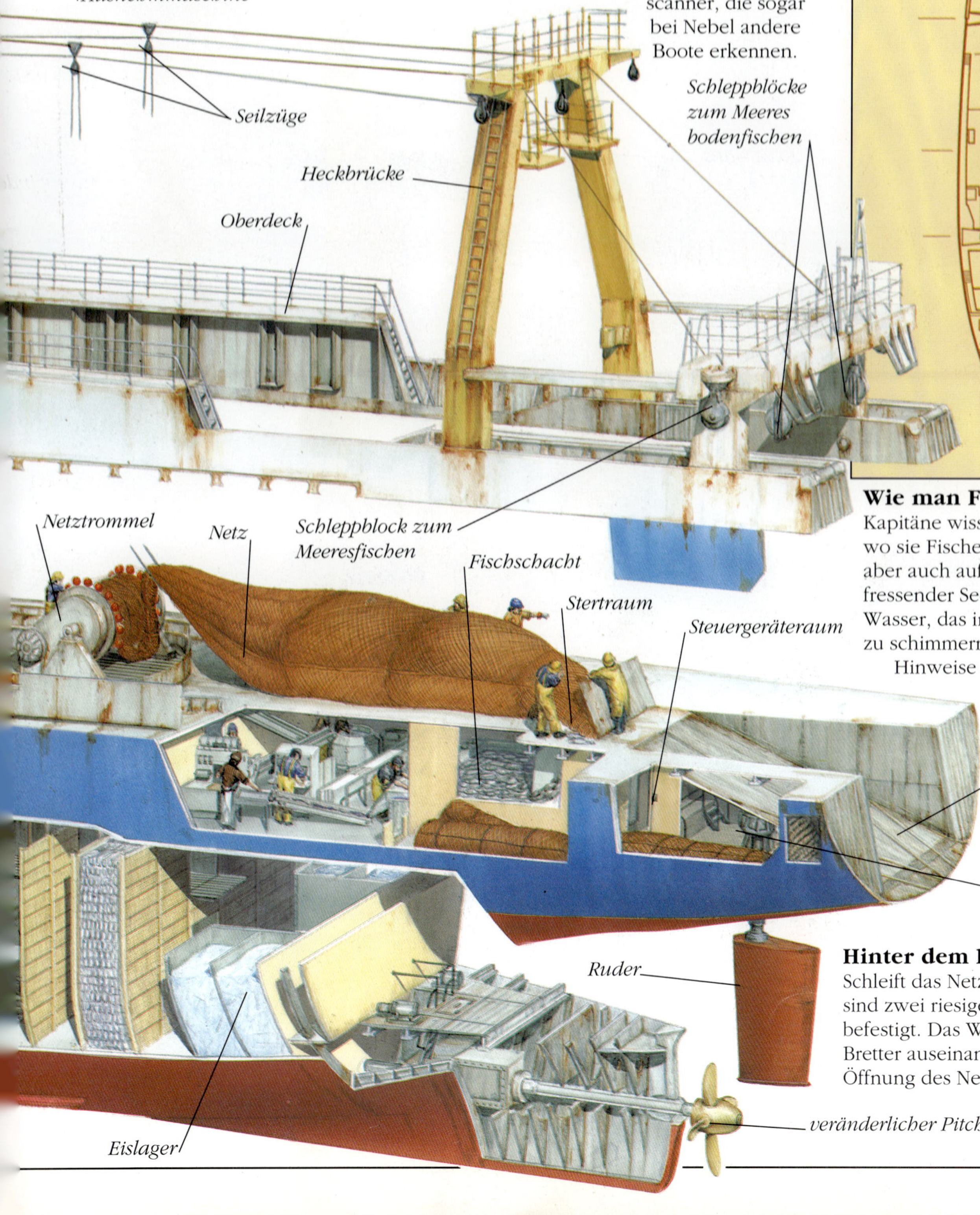

Wie man Fisch findet
Kapitäne wissen aus Erfahrung, wo sie Fische finden. Sie achten aber auch auf einen Schwarm fressender Seevögel oder auf Wasser, das in der Dunkelheit zu schimmern scheint. Das sind Hinweise auf einen großen Fischschwarm.

Hinter dem Boot
Schleift das Netz am Meeresgrund, sind zwei riesige Scherbretter daran befestigt. Das Wasser drückt die Bretter auseinander und hält die Öffnung des Netzes offen.

RETTUNGSBOOT

BEOBACHTEST DU DAS NÄCHSTE MAL ein Unwetter vom Fenster aus, stell dir vor, du wärst vor der zerklüfteten britischen Küste auf hoher See: Der Wind peitscht die Wellen, und der Regen schlägt dir ins Gesicht. Bei eben diesem Wetter könnte ein Boot in Seenot geraten, und ein Rettungsboot der britischen Seewache RNLI würde zu Hilfe gerufen. Die RNLI ist die älteste Seewache der Welt und hat Stützpunkte an der gesamten britischen Küste. Das hier dargestellte Boot gehört zum Typ Tyne Class. Die Besatzung besteht aus freiwilligen Helfern! Wird ein Rettungsboot alarmiert, fahren sie so schnell wie möglich zum Stützpunkt. Sind alle an Bord, wird das Boot zu Wasser gelassen und rast zum Unglücksort.

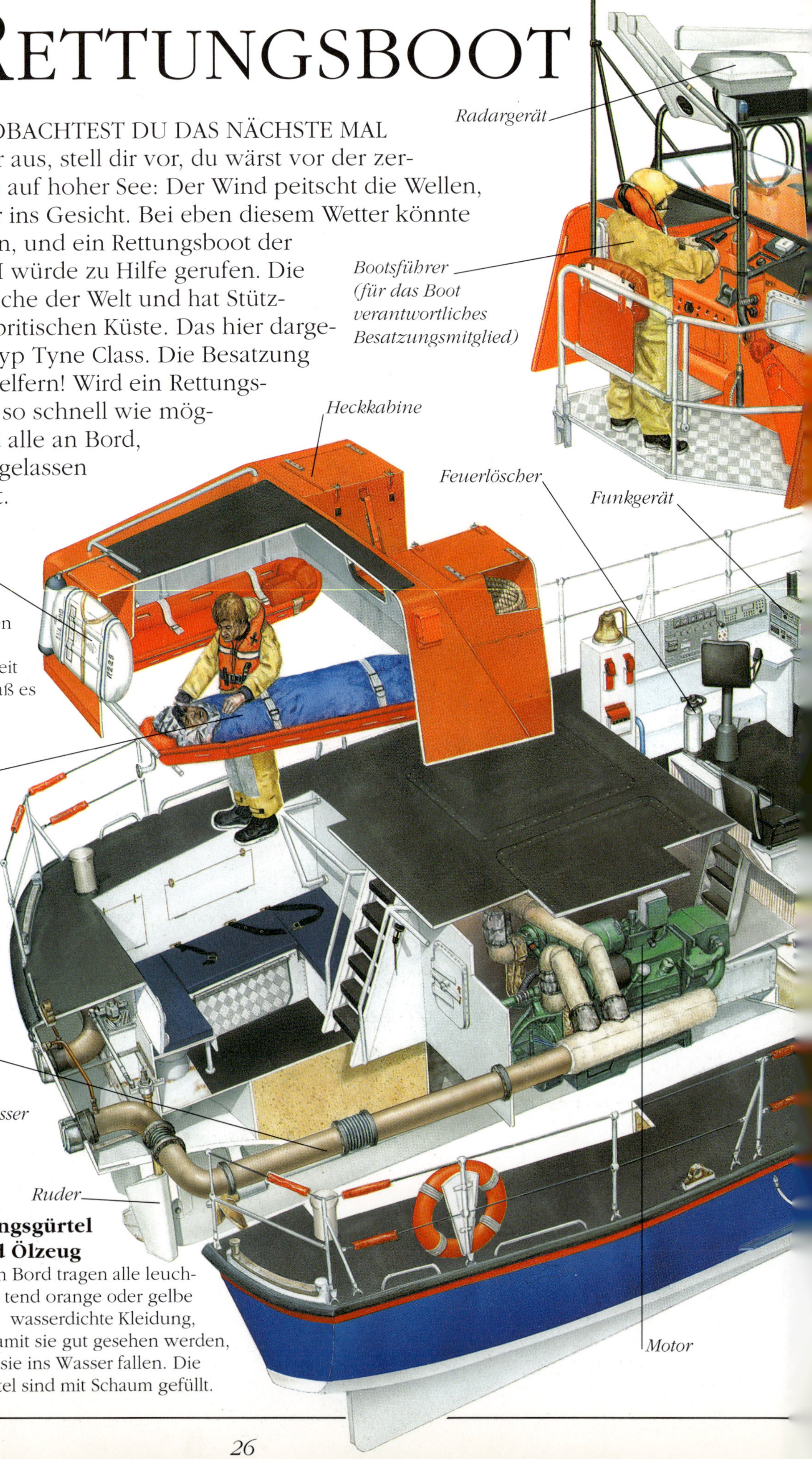

Zur Rettung gleiten
Das Tyne Class hat einen leichten Stahlrahmen, der es schnell macht. Bei hoher Geschwindigkeit gleitet es so über das Wasser, daß es beinahe zu fliegen scheint.

Rettungsausrüstung
An Bord befindet sich die Rettungsausrüstung, darunter eine Rakete an einem Seil, das zu einem anderen Boot geschossen werden kann, und Netze, die über die Wände gehängt werden, damit Menschen hochklettern können.

Rettungsgürtel und Ölzeug
An Bord tragen alle leuchtend orange oder gelbe wasserdichte Kleidung, damit sie gut gesehen werden, sollten sie ins Wasser fallen. Die Rettungsgürtel sind mit Schaum gefüllt.

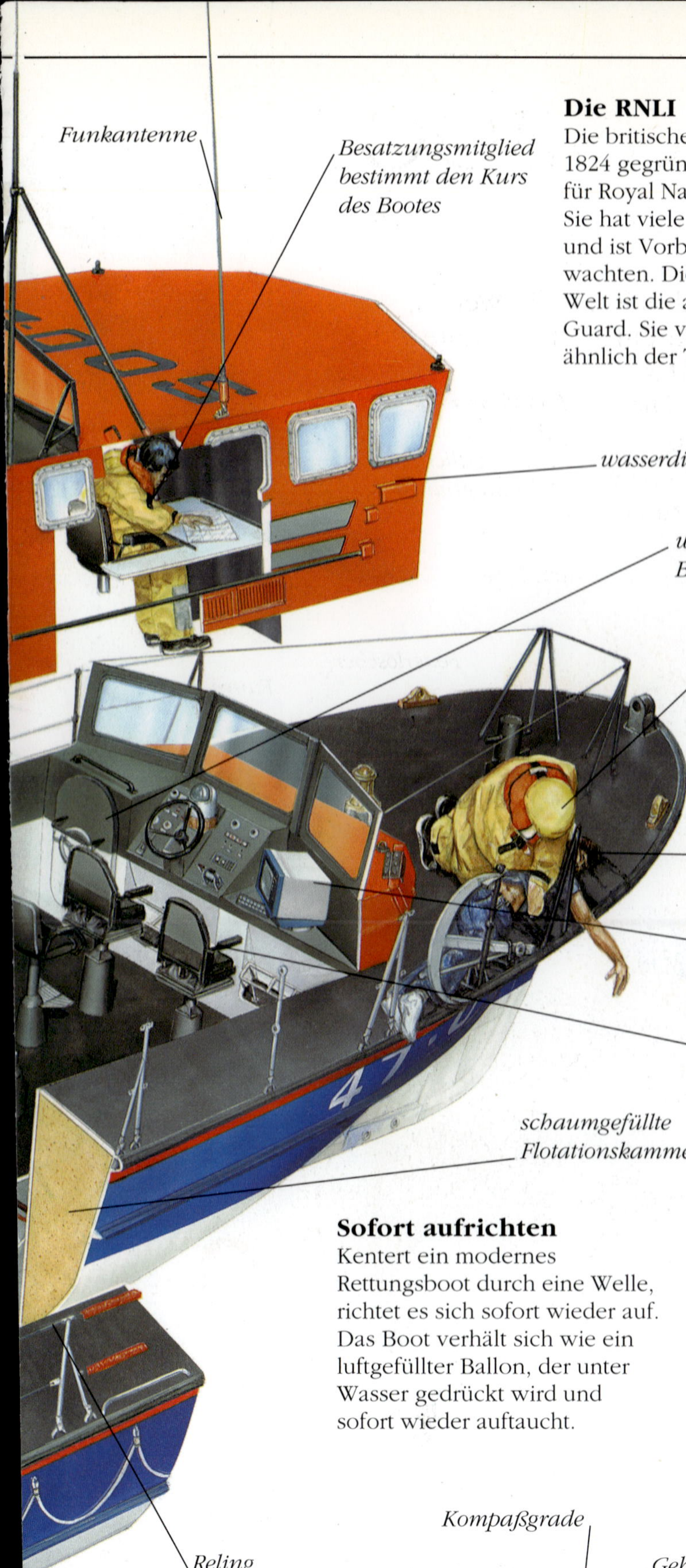

Die RNLI

Die britische Seewacht RNLI wurde 1824 gegründet. Die Abkürzung steht für Royal National Lifeboat Institution. Sie hat viele tausend Leben gerettet und ist Vorbild vieler anderer Seewachten. Die größte Seewacht der Welt ist die amerikanische Coast Guard. Sie verwendet kleine Boote, ähnlich der Tyne Class.

TECHNISCHE DATEN

LÄNGE: 14 M

GRÖSSTE BREITE: 4,5 M

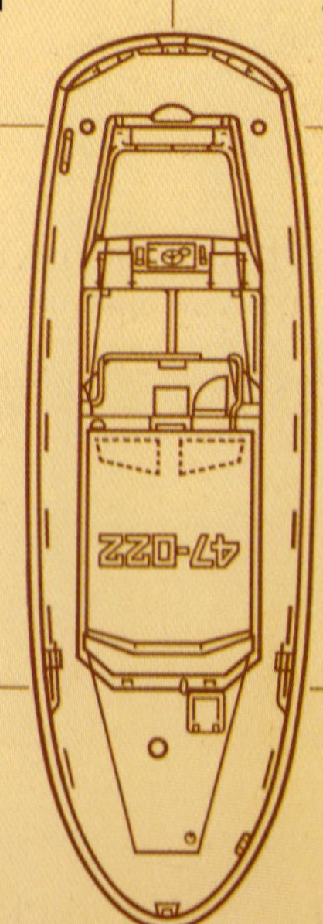

REICHWEITE: 364 KM

TIEFGANG (TIEFE IM WASSER): 1,2 M

GESCHWINDIGKEIT: 15 KNOTEN

BESATZUNG: SECHS MANN

Sofort aufrichten

Kentert ein modernes Rettungsboot durch eine Welle, richtet es sich sofort wieder auf. Das Boot verhält sich wie ein luftgefüllter Ballon, der unter Wasser gedrückt wird und sofort wieder auftaucht.

Boote in Seenot aufspüren

Man verwendet Radar, um Boote in Seenot zu finden. Eine Antenne sendet unsichtbare Wellen, die von den Objekten, die sie treffen, abprallen und zurückkommen. Sie werden von einem Scanner gemessen, der die Entfernung der Objekte vom Boot auf dem Bildschirm anzeigt.

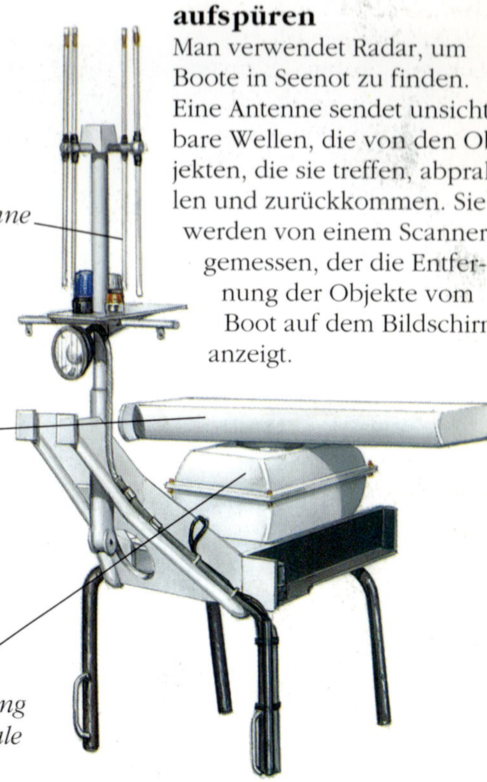

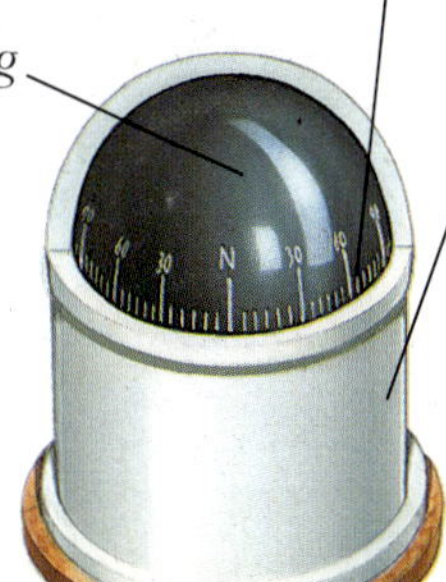

Kluger Kompaß

Der Schiffskompaß hat eine kardanische Aufhängung: Er ist auf einem bewegten Rahmen befestigt, damit er immer gerade hängt.

Entwicklung

Die Geschichte der Schiffahrt geht viele tausend Jahre zurück. Die ersten Boote bestanden aus aufgeblasenen Häuten, ausgehöhlten Stämmen oder zusammengebundenen Schilfballen. Seit damals verändern sich die Schiffe ständig. Hier sind einige Meilensteine in der Entwicklung der modernen Schiffe.

Aufgeblasene Tierhäute

Schilfboot

Langschiff der Wikinger, ca. 800 n. Chr.

Chinesische Dschunke, ca. 1200

Mittelalterliche Kogge, ca. 1250

Kriegsschiff mit 100 Geschützen, ca. 1800

SS Great Britain, Schraubendampfer mit Eisenrumpf, 1843

Flugzeugträger USS Lexington, 1942

Passagierschiff SS Canberra, 1964

Containerschiff, um 1970

Ägyptisches Schiff, ca. 2500 v. Chr.
Steuer-
ruder
Griechische Trireme, ca. 400 v. Chr.
Ruderreihen
Römisches Handels-
schiff, ca. 200 n. Chr.
Mary Rose,
1536
Mayflower,
1620
Fregatte
HMS Pandora,
um 1780
Transatlantik-Raddampfer
SS Persia, 1855
Schaufelrad
Eisenverkleidetes Kriegs-
schiff CSS Merrimack,
um 1860
Eisenverkleidung
Stählernes Kriegsschiff
HMS Dreadnought,
1905
rotierender Geschütz-
turm aus Stahl
Trawler, um 1970
Tragflügelboot,
um 1990
Rettungsboot,
um 1990
Hubschrauberfregatte,
um 1980
Container

Glossar

Achterdeck
Das erhöhte Deck am hinteren Ende eines Segelschiffs.

Achterschiff
Der hintere Teil des Schiffes.

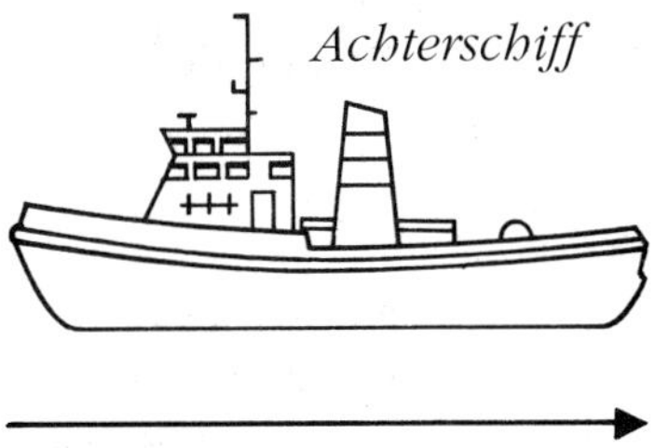
Achterschiff

Anker
Ein schweres Gewicht am Ende eines dicken Seils oder einer Kette. Er wird über Bord geworfen und gräbt sich in den Meeresgrund, damit das Schiff nicht abtreibt.

Anker

Ausleger
Eine Verlängerung, die aus dem Rumpf ragt.

Backbord
Die linke Seite eines Schiffs. Auch ein Befehl, nach links zu wenden.

Ballast
Schwere Steine oder Fracht, die unten in ein Schiff geladen werden, damit es im Wasser das Gleichgewicht hält.

Besanmast
Der Mast hinter dem Großmast.

Bilgenpumpe
Eine Pumpe, mit der eingedrungenes Wasser abgepumpt wird. Bilgenpumpen befinden sich zu beiden Seiten des Kiels im breitesten Teil des Laderaums unten im Schiff. Dieser Bereich heißt Kielraum.

Bootsmann
Der Aufseher über die Besatzung.

Breitseite
Das gleichzeitige Abfeuern aller Geschütze von einer Seite des Schiffs.

Brücke
Eine Plattform, auf der bei einem modernen Schiff der Kapitän und der Steuermann stehen. Von hier werden Kommandos gegeben.

Bug
Der vordere Teil des Schiffes.

Bugspriet
Eine lange Stange, die bei Segelschiffen über den Bug hinausragt. Darauf hängt die Blinde (Bugsprietsegel).

Bugzier
Verzierung des Rumpfs, die vorne an einem Holzschiff aus dem Wasser ragt.

Deck
Eine Plattform, die sich über das Boot erstreckt.

Dschunke
Ein chinesisches Boot mit bambusverstärkten Segeln.

Fockmast
Der Mast vor dem Großmast.

Frachtraum
Der Bereich unten im Schiff, wo häufig Fracht oder Vorräte gelagert werden.

Fregatte
Ein kleines Kriegsschiff.

Galeere
Ein Boot, das von Reihen von Ruderern bewegt wird.

Geschützluke
Ein Loch in der Seite des Schiffs, aus dem ein Geschütz ragen kann.

Großmast
Die Stange in der Mitte des Decks bei einem Segelschiff.

Handelsschiff
Ein Schiff zum Transport von Fracht.

Heck
Das hintere Ende des Schiffs.

Kabine
Der Wohnbereich für Menschen an Bord.

Kessel
Ein wasserdichter Behälter, in dem Wasser zu Dampf erhitzt wird.

Kiel
Ein schwerer Balken, der längs unter dem Rumpf verläuft. Er gibt dem Schiff Festigkeit.

Klinkerbauweise
Ein Holzrumpf mit überlappenden Planken.

Knoten
Die Geschwindigkeit eines Schiffes. Ein Knoten ist eine Seemeile pro Stunde.

Kolderstock
Ein riesiger Hebel an der Pinne bei alten Holzschiffen. Bevor Schiffe Steuerräder hatten, wurde der Kolderstock bewegt, um das Ruder zu verändern.

Kolderstock

Kombüse
Die Schiffsküche.

Kompaß
Ein Gerät mit Magnetnadel, die immer nach Norden weist. Wird von Seemännern zur Bestimmung des Weges verwendet.

Kraweelbauweise
Ein Holzrumpf, bei dem die Planken fugenlos aneinanderstoßen.

Kriegsschiff
Ein großes, schwerbewaffnetes Segelschiff aus dem 18. und 19. Jahrhundert.

Maat
Unteroffizier der deutschen Marine.

Mittschiffs
Der mittlere Bereich des Schiffes.